普通高等院校应用型规划教材——电

U0616789

现代电气控制
及PLC应用技术
——项目教程

XIANDAI DIANQI
KONGZHI JI PLC YINGYONG JISHU
XIANGMU JIAOCHENG

徐桂敏　杨正祥◎主　编

西南交通大学出版社
·成都·

图书在版编目（CIP）数据

现代电气控制及 PLC 应用技术：项目教程 / 徐桂敏，杨正祥主编. —成都：西南交通大学出版社，2017.8

普通高等院校应用型规划教材. 电气信息类

ISBN 978-7-5643-5583-8

Ⅰ. ①现⋯ Ⅱ. ①徐⋯ ②杨⋯ Ⅲ. ①电气控制 – 高等学校 – 教材②plc 技术 – 高等学校 – 教材Ⅳ.

①TM571.2②TM571.6

中国版本图书馆 CIP 数据核字（2017）第 151384 号

普通高等院校应用型规划教材——电气信息类

现代电气控制及 PLC 应用技术——项目教程

徐桂敏　杨正祥　主　编

责任编辑	穆　丰
封面设计	墨创文化

出版发行	西南交通大学出版社
	（四川省成都市二环路北一段 111 号
	西南交通大学创新大厦 21 楼）
邮政编码	610031
发行部电话	028-87600564
官网	http://www.xnjdcbs.com
印刷	成都中铁二局永经堂印务有限责任公司

成品尺寸	185 mm × 260 mm
印张	13.5
字数	336 千
版次	2017 年 8 月第 1 版
印次	2017 年 8 月第 1 次
书号	ISBN 978-7-5643-5583-8
定价	35.00 元

前　言

　　本书依据高等教育自动化应用型人才的培养目标，结合自动化、机电专业人才就业的知识和技能需要，在课程教学改革和实践教学改革的基础上，本着"工学结合—项目实践—'教学做'相结合"的原则编写的。本书以模块为基本教学单元，以应用和实践作为最终目的，通过对不同类型的应用项目和工程实例进行设计，引导学生由实践到理论再到实践，将理论知识融入到实践操作中。

　　本书结合"现代电气控制及 PLC 应用技术"课程改革与建设，由学校和企业组成教材编写组进行合作开发，在教学方法上适合"教、学、做"一体化的模块式方法。全书分为 6 个模块，模块 1 为现代电气控制设备及 PLC 的基础知识（分 6 个专题）；模块 2 为电气控制基本控制电路（分 3 个项目）；模块 3 为 FX$_{2n}$ 系列 PLC 基本指令的应用（分 7 个项目），模块 4 为 FX$_{2n}$ 系列 PLC 步进顺控指令的应用（分 3 个项目），模块 5 为 FX$_{2n}$ 系列 PLC 功能指令的应用（分 5 个项目），模块 6 为 FX$_{2n}$ 系列 PLC 模拟量处理功能的应用（1 个项目）。其中每个项目又由项目目标、项目任务、项目编程的相关知识以及项目实施这四个部分组成。每个项目和应用实例都是由教材编写组成员精心设计，打破了原有教材将基本原理、基本指令、基本应用分成若干不同独立章节的编写模式，以实训项目为主线，紧密结合各类工厂的实际应用情况，充分体现和突出了人才应用能力和素质创新的培养。

　　本书由徐桂敏、杨正祥担任主编。徐桂敏编写了本书的模块 1 和模块 2，徐桂敏和全睿编写了模块 3，徐桂敏和丁坦编写了模块 4，杨正祥和王改芳编写了本书的模块 5，杨正祥编写了模块 6，郑谦、王莎、王雪梅、宋玲、刘昌盛也参与了本书的部分编写。

　　本书在编写的过程中，参阅了许多同行专家的论著和文献，襄阳联掌信息技术有限公司给予了大量的技术支持和项目实例指导，程琼，李光明、张小华和丁稳房教授都给予了很多宝贵的修改意见，在此一并表示真诚的感谢！

　　由于编者的学识水平和实践经验有限，书中难免存在错误和不妥之处，恳请广大读者批评指正。

编　者

2017 年 1 月

目 录

模块1 现代电气控制设备及 PLC 的基础知识

专题 1.1 常用低压电器

1.1.1 低压电器的基础知识

根据外界特定的信号和要求，自动或手动接通和断开电路，断续或连续的改变电路参数实现对电路或非电对象的切换、保护、检测、控制和调节的电气设备均称为电器。简言之，电器就是一种能控制电的工具，最基本、最典型的功能就是"开"和"关"。低压电器通常指工作在不高于交流额定电压 1 200 V 或不高于直流额定电压 1 500 V 电路中的电器，其在电力输配电系统和电力拖动自动控制系统中应用广泛。

低压电器一般包括两个基本组成部分，即感受机构和执行机构。感受机构主要感受外界信号，做出有规律的反应。自动控制电器中的感受部分主要是由电磁机构组成的，手动控制电器中的感受部分通常是操作手柄等。执行机构主要是根据指令完成电路的接通和切断等任务。

自动空气开关类的低压电器还具有中间（传递）部分，它的任务是将感受机构和执行机构联系起来，使得它们能够协同工作，按照一定的规律进行动作。

一方面，由于一些电器元件自身的特殊性与不可替代性，继电器控制系统在工业控制的领域仍然具有非常重要的应用性；另一方面，由于电器元件也在不断向前发展，其种类繁多而且用途也很广泛，为了更加清楚的识别和准确的应用，必须进行分类：

1. 按动作原理分类

手动控制电器：通过人工操作而完成动作切换的电器，如按钮、刀开关等。

自动控制电器：不需人工操作，而是按照指令、信号或某个物理量的变化自动完成动作的电器，如接触器、继电器、电磁阀、行程开关等。

2. 按用途分类

低压控制电器：在控制电路和控制系统中起作用的电器，主要对控制电路的通断、电机的运行方式进行控制，如接触器、继电器等。

低压配电电器：用于电能的输送和分配的电器，如低压断路器。

低压主令电器：用于自动控制系统中发出动作指令的电器，如按钮、转换开关等。

低压保护电器：用于保护电路及用电设备的电器，主要是用于保护电气控制线路及电动机，避免用电设备在短路或过载的情况下运行，如熔断器、热继电器等。

1.1.2 主令电器

主令电器是自动控制系统中用于发布命令或信号，接通或断开控制电路的电器，如控制按钮、行程开关、接近开关、万能转换开关等。

1. 按 钮

按钮是日常生活中用的最多的主令电器，在控制电路中发出"指令"去控制接触器、继电器等电器线圈的通断，间接控制主电路。

按钮一般由按钮帽、复位弹簧、动触点、静触点和外壳等组成，如图 1-1 所示。常态时（按钮帽未按下时）处于接通的触点，称为常闭触点；常态时（按钮帽未按下时）处于断开的触点，称为常开触点。

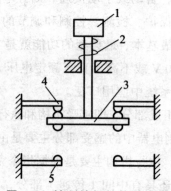

图 1-1 控制按钮结构示意图

1—按钮帽；2—复位弹簧；3—动触桥；4—常闭静触点；5—常开静触点

当操作人员按下按钮帽时，先分断常闭触点，再接通常开触点；当手指松开按钮帽时，在复位弹簧作用下，常开触点先断开，然后常闭触点闭合。

常用的控制按钮型号有 LA18、LA19、LA20 及 LA25 等系列。型号含义如图 1-2 所示。

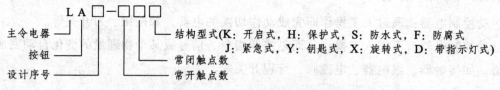

图 1-2 控制按钮型号命名方式

例如 LA20-22DJ 表示：二常开二常闭带指示灯紧急式按钮。

按钮的结构形式多种多样，能满足不同场合的需要。为了标明控制按钮的作用，便于操作人员识别，避免误操作，通常将按钮帽做成红、绿、黑、黄、蓝、白、灰等不同颜色，以示区别。根据有关国标，对不同用途的按钮，其按钮颜色规定如表 1-1 所示。控制按钮的图形、文字符号如图 1-3 所示。

表 1-1　按钮的颜色、用途

按钮作用	按钮帽颜色
停止、急停	红色
启动	绿色
点动	黑色
复位	蓝色
启动与停止交替动作	黑白、白色或灰色

（a）常开按钮　　　（b）常闭按钮　　　（c）复合按钮

图 1-3　控制按钮的图形、文字符号

2. 行程开关

行程开关是一种不依靠手的直接操作，而利用生产机械某些运动部件上的挡块碰撞来发出控制指令使触点动作的主令电器。一般对机械运动的位置或行程进行限制，所以也称为位置开关或限位开关。在安装行程开关时，安装位置应准确、牢靠。此外，还应该定期检查行程开关，以免因触点接触不良而影响使用。

行程开关的结构和工作原理与按钮比较相似。行程开关的动作原理为：操作机构接收机械设备发出的动作信号，并将该信号传递到触头系统，触头系统再将操作机构传来的机械信号，通过本身的转换动作，变换成电信号，输出到有关控制回路，做出必要的反应。

行程开关按结构不同可分为直动式、滚动式、微动式，它们都是由操作机构、触头系统和外壳三部分组成。直动式行程开关的结构示意图如图 1-4 所示。

常用的行程开关有 JLXK1、LX10、LX19、LX21、3SE3 等系列，JLXK 系列行程开关的含义为（见图 1-5）：

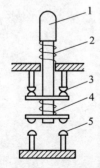

图 1-4　行程开关结构示意图

1—顶杆；2—弹簧；3—常闭触点；
4—触点弹簧；5—常开触点

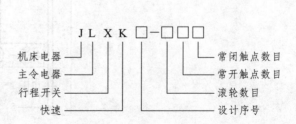

图 1-5　常用行程开关的型号命名方式

003

例如 JLXK1-211 表示：一常开一常闭双轮防护式行程开关。行程开关的图形、文字符号如图 1-6 所示。

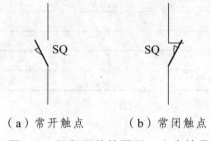

（a）常开触点　　　（b）常闭触点

图 1-6　行程开关的图形、文字符号

1.1.3　刀开关

刀开关通常称作闸刀开关。主要应用于不频繁接通和分断小容量的低压供电线路、小容量电路的电源开关。

如图 1-7 所示为刀开关的典型结构。刀开关由操作手柄、触刀、静插座和绝缘底板组成。推动手柄可以实现触刀插入插座与脱离插座的控制，以达到接通电路和分断电路的要求。

刀开关的种类很多，按刀的极数可分为单极、双极和三极；按照刀的转换方式可分为单掷和双掷；按照灭弧情况可分为带灭弧罩和不带灭弧罩；按接线方式可分为板前接线式和板后接线式。这里只对电力拖动控制电路中最常用的由刀开关和熔断器组合而成的负荷开关做介绍。负荷开关分为开启式负荷开关和封闭式负荷开关两种。

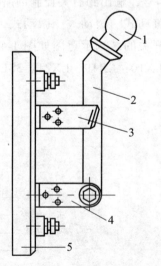

图 1-7　典型刀开关结构示意图

1—手柄；2—触刀；3—静插座；4—铰链支座；5—绝缘底板

1. 开启式负荷开关

开启式负荷开关又称瓷底胶盖刀开关，其瓷底板上装有进线座、静触点、熔丝、出线座和带瓷质手柄的刀片式动触点，上面装有胶盖。这样不仅可以保证操作人员不会触及带电部分，还可以保证分断电路时产生的电弧不会飞出胶盖外面而灼伤操作人员。开启式负荷开关的外形、内部结构及其电路符号和型号含义说明如图1-8所示。

2. 封闭式负荷开关

封闭式负荷开关是在开启式负荷开关的基础上改进得来的，其整个装于铁壳内，因此又称铁壳开关。主要由钢板外壳、触刀、操作机构和熔断器等组成，如图1-9所示。此类开关主要用于手动不频繁地接通和断开带负载的电路，以及作为线路末端的短路保护，也可用于控制15 kW以下的交流电动机不频繁地直接启动和停止。

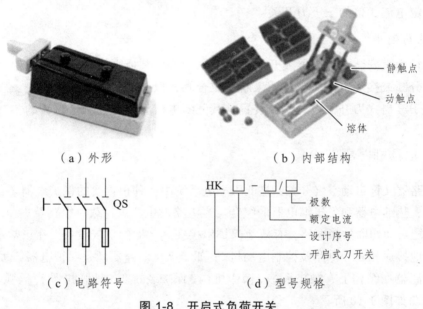

（a）外形　　　　　　　　　　（b）内部结构

（c）电路符号　　　　　　　　（d）型号规格

图1-8　开启式负荷开关

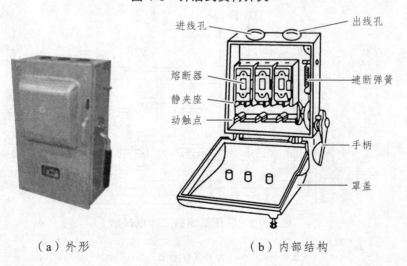

（a）外形　　　　　　　　　　（b）内部结构

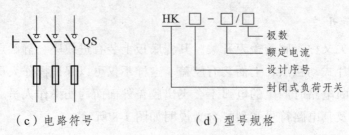

（c）电路符号　　　　　　　　（d）型号规格

图1-9　封闭式负荷开关

3. 选用方法

（1）用于照明或电热负载时，选用额定电压为 220 V 或 250 V，额定电流稍大于电路所有负载的额定电流之和的两极刀开关。

（2）用于电动机直接启动控制时，选用额定电压为 380 V 或 500 V，额定电流大于或等于电动机额定电流 3 倍的三极刀开关。

4. 安装与使用

（1）必须垂直安装在控制屏或开关板上，不允许倒装或平装，以防止发生误合闸事故。

（2）在分断或接通电路时应迅速果断地拉合闸，以使电弧尽快熄灭。

（3）由于开启式刀开关没有灭弧装置，其分断电流只能达到额定电流的 1/3。

1.1.4　低压断路器

低压断路器又称自动空气开关，是低压配电系统中一种很重要的保护电器。它相当于刀开关、熔断器、热继电器和欠压继电器的组合。当电路发生严重过载、短路及失压（包括欠压）等故障时，能自动切断故障电路，有效地保护串接在其后面的电气设备。在正常情况下，也可用于不频繁地接通和断开电路及控制电动机。因此，低压断路器既是保护电器，也是控制电器。

低压断路器在结构上有触头系统、操作机构、保护装置（各种脱扣器）、灭弧装置等组成。其结构原理图如图 1-10 所示。

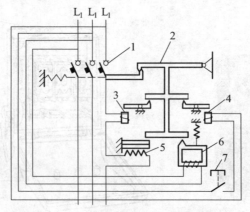

图1-10　低压断路器工作原理图

1—主触点；2—自由脱扣机构；3—过电流脱扣器；4—分励脱扣器；
5—热脱扣器；6—欠电压脱扣器；7—启动按钮

低压断路器的工作原理：主触点 1 是靠操作机构通过手动或电动来闭合的，主触点闭合后，自由脱扣机构将其锁在合闸位置上。当电路中发生故障时，脱扣机构就在相关脱扣器的作用下将锁钩脱开，主触点在释放弹簧的作用下迅速将电路分断。

当电路发生短路或严重过载时，与主电路串联的过电流脱扣器的线圈将产生较强的电磁力将其衔铁吸下，使自由脱扣机构的锁钩脱开，从而分断主触点。当电路发生过载时，与主电路串联的热脱扣器的热元件将产生一定的热量，加热膨胀系数不同的双金属片，使之向上弯曲，推动自由脱扣机构，使其锁钩脱开，主触点分断。欠压脱扣器的线圈与主电路是并联的，在电压正常情况下，欠压脱扣器的线圈产生足够强的电磁力将其衔铁吸住，不影响自由脱扣机构和主触点；但在电压严重下降或失压的情况下，电磁吸力不足或消失，衔铁被释放而推动自由脱扣机构动作，解开锁钩，使主触点分开，切断主电路。分励脱扣器则作为远距离控制用，在正常工作时，其线圈是断电的，在需远距离控制时，按下启动按钮，使线圈得电，衔铁带动自由脱扣器机构动作，使主触点断开。低压断路器的图形、文字符号如图 1-11 所示。

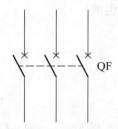

图 1-11　低压断路器的图形、文字符号

在选择和使用低压断路器时，应该要注意以下几点：

（1）低压断路器的额定电压和额定电流应该大于或等于电路正常工作电压和电流。

（2）热脱扣器的整定电流应与所控制负载（如电动机）的额定电流相等。

（3）电磁脱扣器的瞬时脱扣整定电流应大于正常工作时候的冲击电流。

（4）低压断路器的极限通断能力应大于或等于电路的最大短路电流。

低压断路器的型号命名方式如图 1-12 所示。

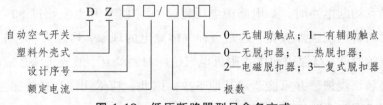

图 1-12　低压断路器型号命名方式

1.1.5　接触器

接触器分交流、直流两种，是一种利用电磁力来实现自动接通和切断电动机或其他负载

主电路的一种控制电器。是电力拖动与自动控制系统中使用最广泛的一种低压执行电器。接触器的工作频率可以达到每小时几百甚至上千次，能够很方便地实现远距离的控制。

这里以交流接触器为例进行介绍，如图 1-13 所示是常见的交流接触器外形及结构示意图。交流接触器一般都由下列几个部分组成：电磁机构、触点系统、灭弧装置、弹簧机构或缓冲装置、支架与底座。现就其主要的部分介绍如下：

电磁机构包括动铁心（衔铁）、静铁心和电磁线圈三部分，将电磁能转换成机械能，产生电磁吸力带动触点闭合或者断开。

触点系统是接触器的执行元件，用来接通或断开被控制电路。触点按其原始状态（即线圈未通电的状态）可分为常开触点（动合触点）和常闭触点（动断触点）。线圈未通电时断开，线圈通电后闭合的触点称为常开触点；线圈未通电时闭合，线圈通电后断开的触点称为常闭触点。根据用途不同，按控制的电路可分主触点和辅助触点，主触点一般由 3 对接触面积较大的常开触点组成，允许通过较大的电流，用于接通或断开主电路，接在电动机工作的主电路中，控制着电动机的启动和停止。辅助触点用于接通或断开控制电路，只能通过较小的电流，一般由两对常开和两对常闭触点组成。

（a）外形

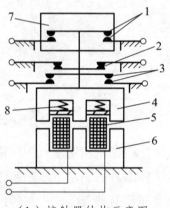
（b）接触器结构示意图

图 1-13　交流接触器

1—主触点；2—常闭辅助触点；3—常开辅助触点；4—动铁心；
5—电磁线圈；6—静铁心；7—灭弧罩；8—弹簧

当接触器触点切断电路时，如电路中电压超过 10～12 V 和电流超过 80～100 mA，在拉开的两个触点之间将出现强烈火花，这是一种气体放电的现象，称之为"电弧"。电弧的产生延长了切断故障的时间，高温引起电弧附近电气绝缘材料烧坏，形成飞弧造成电源短路事故。电弧的高温能将触点烧损，并可能造成其他事故。因此，应采用适当措施迅速熄灭电弧。常采用灭弧罩、灭弧栅和磁吹灭弧装置。

交流接触器的工作原理：当电磁线圈通电后，线圈电流产生磁场，使静铁心产生电磁吸力吸引衔铁，并带动触头动作（常闭触头先断开，常开触头随即闭合）。当线圈断电时，电磁吸力消失，拉力弹簧使动铁心恢复原位，使各对触头复原（常开触头先断开，常闭触头随即闭合）。常闭和常开这两种类型的触点动作是联动的，但这两种类型的触点在状态切换时，其动作的先后顺序有一个极小的时间差，在分析线路的控制过程的时候这个时间差还是要注意的。

选用交流接触器时，除了必须按照负载的要求选择主触头组的额定电压、额定电流外，还必须考虑吸引线圈的额定电压及辅助触点的数量和类型。

交流接触器的图形符号、文字符号如图1-14所示。

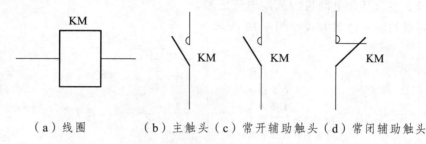

（a）线圈　（b）主触头（c）常开辅助触头（d）常闭辅助触头

图1-14　交流接触器的图形符号和文字符号

交流接触器的型号命名方式如图1-15所示。

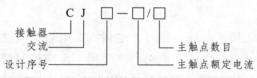

图1-15　交流接触器的型号命名方式

1.1.6　熔断器

熔断器俗称保险丝，在低压供电线路和控制电路及用电设备中，是一种最简便有效的短路或严重过电流保护电器。

熔体是熔断器的主要元件，熔断器的熔体按串联方式接于被保护电路中，当电路正常工作时，熔体在额定电流下不会熔断；当电路发生短路或严重过电流时，熔体中的电流将远大于其额定电流，经过一定时间后，产生的热量将使温度升高，当温度达到熔化温度时，熔体自行熔断，切断故障电路，从而达到保护电路和电气设备的目的。

熔断器有瓷插式、螺旋式和封闭管式等几种类型，其中部分熔断器的外形和符号如图1-16所示。

（a）瓷插式　　　（b）螺旋式　　　（c）封闭管式　　　（d）符号

图1-16　熔断器的外形及图形文字符号

熔断器用于不同的负载，其额定电流的选择方法各有不同。①当用于保护无启动过程的平稳负载如照明、电阻电炉等，熔断器的额定电压必须大于或等于电路的额定电压，熔断器的额定电流必须大于或等于负载的额定电流；②当用于保护单台长期工作的电动机时，熔断器的额定电流必须大于或等于电动机额定电流的 1.5 ~ 2.5 倍；③ 用于保护频繁启动的电动机时，熔断器的额定电流必须大于或等于电动机额定电流的 3 ~ 3.5 倍；④ 用于保护多台电动机时，熔断器的额定电流必须大于或等于多台电动机中容量最大的一台电动机的额定电流的 1.5 ~ 2.5 倍及其余电动机的额定电流之和。

熔断器的型号命名方式如图 1-17 所示。

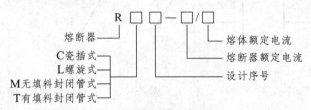

图 1-17 熔断器的型号命名方式

1.1.7 继电器

继电器是一种根据特定形式的输入信号（电量或非电量）而动作的自动控制电器。它与接触器不同，不直接控制电流较大的主电路，主要用于反应控制信号，其触点通常接在控制电路中用来接通或断开小电流电路，实现自动控制和保护电力拖动装置。

继电器的种类很多，分类方法也很多，常用的分类方法有：

（1）按输入量的物理性质分为电压继电器、电流继电器、功率继电器、时间继电器、温度继电器等；

（2）按动作原理分为电磁式继电器、感应式继电器、电动式继电器、热继电器、电子式继电器等；

（3）按动作时间分为快速继电器、延时继电器、一般继电器；

（4）按执行环节作用原理分为有触点继电器、无触点继电器；

（5）按用途分为电器控制系统用继电器、电力系统用继电器。

这里主要介绍电器控制控制系统用的电磁式（电压、电流、中间）继电器、时间继电器、热继电器和速度继电器等。

1. 电压继电器

电压继电器实质是根据所接电路电压值的变化，自动切换吸合或释放状态。电压继电器的线圈并联在电路中，匝数多、导线细。根据吸合电压（即动作电压值）的不同，电压继电器分为过电压继电器和欠电压继电器两种，它们的符号如图 1-18 所示。过电压继电器主要用于电路的过电压保护，当线圈两端所加电压超过额定值并达到某一规定值时，触点吸合，由接触器等及时分断被保护的电路。欠电压继电器用于电路的欠电压保护，当线圈两端所加电压为额定值时（即电压正常），触点可靠吸合；当线圈两端所加电压低于额定值并达到某一规定值时，触点复位，由接触器等及时分断被保护的电路。

电压继电器的线圈额定电压一般可按控制电路的额定电压来选择。电压继电器的型号命名方式如图 1-19 所示。

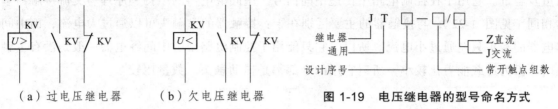

（a）过电压继电器　　　（b）欠电压继电器　　　图 1-19　电压继电器的型号命名方式

图 1-18　电压继电器符号

2. 电流继电器

电流继电器是根据输入电流大小而动作的继电器，它的线圈匝数少、导线粗、阻抗小，使用时其线圈串接于电路中，主要用于电力拖动系统的电流保护和控制。电流继电器在电路中起着自动调节、安全保护、转换电路等作用。根据吸合电流（即动作电流值）的不同，电流继电器分为过电流继电器和欠电流继电器两种，它们的符号如图 1-20 所示。

过电流继电器主要用于重载或频繁启动的场合，如作为电动机主电路的过载和短路保护。当线圈中通过的电流为额定值时（即电流正常），触点不动作；当线圈中通过的电流超过额定值并达到某一规定值时，触点吸合。过电流继电器分为感应电磁式和集成电路型，具有定时限、反时限的特性，应用于电机、变压器等主设备以及输配电系统的继电保护回路中。当主设备或输配电系统出现过负荷及短路故障时，该继电器能按预定的时限可靠动作或发出信号，切除故障部分，保证主设备及输配电系统的安全。过电流继电器是电机、变压器和输电线的过负荷或短路保护线路中的启动元件。

欠电流继电器在电路中起欠电流保护作用。当线圈电流达到或大于动作电流值时，衔铁吸合动作；当线圈电流低于动作电流值时衔铁立即释放。电流继电器的型号命名方式如图 1-21 所示。

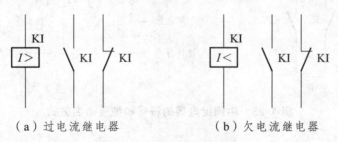

（a）过电流继电器　　　　　（b）欠电流继电器

图 1-20　电流继电器符号

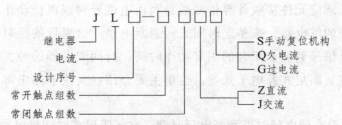

图 1-21　电流继电器的型号命名方式

3. 中间继电器

中间继电器实质上是一种电压继电器，用于继电保护与自动控制系统中，以增加触点的数量及容量。它用于在控制电路中传递中间信号。中间继电器的结构和原理与交流接触器基本相同（见图 1-22），与接触器的主要区别在于：接触器的主触头可以通过大电流，而中间继电器的触头只能通过小电流。所以，它只能用于控制电路中。中间继电器一般是没有主触点的，因为过载能力比较小，所以它用的全部都是辅助触头，数量比较多。

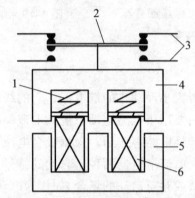

图 1-22　中间继电器的结构示意图

1—复位弹簧；2—动触点；3—静触点；4—衔铁；5—铁心；6—线圈

中间继电器的触点容量较小，对于电动机额定电流不超过 5 A 的电气控制系统，也可以替代接触器，所以，中间继电器也是小容量的接触器。另一方面，中间继电器的触点数量较多，能够将一个输入信号变成多个输出信号。

中间继电器的符号和型号命名方式如图 1-23 所示。

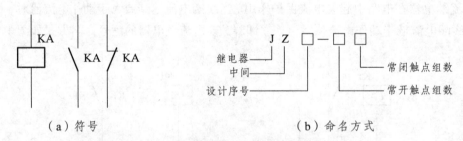

（a）符号　　　　　　　　（b）命名方式

图 1-23　中间继电器的符号和型号命名方式

4. 时间继电器

时间继电器是感应元件接收外界信号后，利用电磁原理或机械动作原理实现其触头延时接通或延时断开的继电器，按整定时间长短通断电路。这里指的延时区别于一般电磁继电器从线圈得到电信号到触点闭合的固有动作时间。时间继电器的种类繁多，主要有电磁式、电动机式、空气阻尼式及电子式等。这里主要介绍在交流电路中常用的空气阻尼式时间继电器。

时间继电器主要有通电延时型和断电延时型。空气阻尼式时间继电器又称气囊式时间继电器，它的延时范围宽（4~180 s），可用作断电延时，也可以方便地改变电磁机构位置获得通电延时，因此可以用在常开触点延时断开、常闭触点延时闭合，或者常开触点延时闭合、常闭触点延时断开。

通电延时型空气阻尼式时间继电器结构示意图如图 1-24 所示。它主要由电磁系统、延时机构和触头系统三部分组成。其延时机构是利用空气通过小孔时产生阻尼作用的气囊式阻尼器。

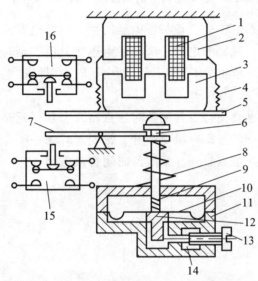

图 1-24　空气阻尼式时间继电器（通电延时型）

1—线圈；2—静铁心；3—衔铁；4—反力弹簧；5—推板；6—活塞杆；7—杠杆；
8—塔形弹簧；9—弱弹簧；10—橡皮膜；11—空气室壁；12—活塞；
13—调节螺钉；14—进气孔；15、16—微动开关

通电延时型空气阻尼式时间继电器的工作原理为：当线圈 1 通电时，动铁心 3 和固定在其上的托板被吸引而向上移动。活塞杆 6 在塔形弹簧 8 的作用下开始带动活塞 12 及橡皮膜10 向上移动。由于橡皮膜 10 下方的空气较稀薄形成负压，活塞杆 6 只能缓慢上移，其移动速度决定了延时长短。移动速度由进气孔 14 的大小决定，可以通过调节螺杆 13 来进行调整。进气孔大，移动速度快，延时短；进气孔小，移动速度慢，延时长。在活塞杆 6 向上移动过程中，杠杆 7 随之作反时针旋转。当活塞杆 6 移到与已吸合的衔铁接触时停止移动，同时，杠杆 7 压动微动开关 15，使其常闭触点打开、常开触点闭合，起到通电延时的作用（即线圈通电后触点延时动作）。延时时间为线圈通电到微动开关触点动作之间的时间间隔。

通电延时时间继电器的图形、文字符号如图 1-25 所示。通电延时时间继电器的延时触点包括：常开延时闭合触点和常闭延时打开触点。通电延时型时间继电器在电气控制线路中的工作过程通常为：

线圈通电→延时启动，常开瞬时触点闭合、常闭瞬时触点断开→延时时间等于设定时间→常开延时闭合触点闭合、常闭延时打开触点断开，线圈断电→所有触点复位。

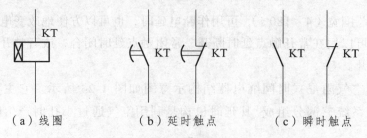

（a）线圈　　　　　（b）延时触点　　　　　（c）瞬时触点

图 1-25　通电延时型时间继电器图形、文字符号

断电延时型时间继电器的工作原理与通电延时型时间继电器相似，线圈通电后，瞬时触点和延时触点均迅速动作；线圈断电后，瞬时触点迅速复位，延时触点延时复位。断电延时时间继电器的图形、文字符号如图 1-26 所示。断电延时型时间继电器在电气控制线路中的工作过程通常为：

线圈通电→常开瞬时触点闭合、常闭瞬时触点断开、常开延时打开触点闭合、常闭延时闭合触点断开→线圈断电→常开瞬时触点断开、常闭瞬时触点闭合、开始延时→延时时间等于设定时间→常开延时打开触点打开、常闭延时闭合触点闭合。

（a）线圈　　　　　（b）延时触点　　　　　（c）瞬时触点

图 1-26　断电延时时间继电器的图形、文字符号

时间继电器的型号命名方式如图 1-27 所示。

图 1-27　时间继电器的型号命名方式

5. 热继电器

电动机工作时允许短时过载，但如果长期过载、欠电压运行或断相运行，电动机的温升就会超过额定工作温升，导致绕组绝缘损坏，降低电动机的寿命，必须予以保护。由于熔断器和过电流继电器只能保护电动机不超过允许的最大电流，并不能反映电动机的发热状况，因此常采用热继电器进行保护，如图 1-28 所示。

图 1-28　热继电器的外形

热继电器是利用电流的热效应而动作的，专门用来对连续运行的电动机进行过载及断相保护，以防止电动机过热而烧毁的保护电器。它主要由双金属片、热元件、动作机构、触点系统、整定调整装置及手动复位装置等组成。

热继电器工作原理如图 1-29 所示。热元件（双金属片）由膨胀系数不同的两种金属片压轧而成。上层称主动层，采用膨胀系数高的铜或铜镍合金或铁镍合金制成；下层称被动层，采用膨胀系数低的铁镍合金制成。使用时将两只热元件分别串联在两相电路中。当负载电流超过允许值时，双金属片（热元件）被加热超过一定温度，压下压动螺钉 4，锁扣机构 5 脱开，动触点、静触点 9 切断控制电路使主电路停止工作。继电器动作后一般不能自动复位，要等双金属片冷却后，按下复位按钮 7 才能复位。改变压动螺钉 4 的位置，还可以用来调节动作电流。

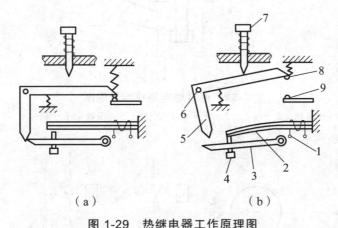

（a） （b）

图 1-29　热继电器工作原理图

1—加热元件；2—双金属片；3—扣板；4—压动螺钉；5—锁扣机构；
6—支点；7—复位按钮；8—动触点；9—静触点

热继电器的图形、文字符号及型号命名方式如图 1-30 所示。

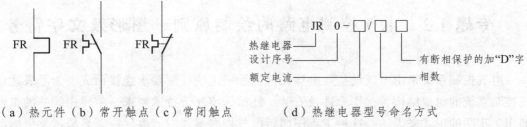

（a）热元件（b）常开触点（c）常闭触点　　　（d）热继电器型号命名方式

图 1-30　热继电器

6. 速度继电器

速度继电器是用来反映转速与转向变化的继电器，它根据电磁感应原理制成。通常与接触器配合使用，实现对鼠笼式异步电动机的反接制动，故又称为反接制动继电器。

速度继电器主要由转子、定子和触点三部分组成，转子由永久磁铁制成，定子的结构与鼠笼式异步电动机的转子相似，是一个笼型空心圆环，由硅钢片叠成，并装有鼠笼式绕组，其结构原理图如图 1-31 所示。

当转子（磁铁）旋转时，笼型绕组切割转子磁场产生感应电动势，形成环内电流，此电流与磁铁磁场相作用，产生电磁转矩，圆环在此转矩的作用下带动摆杆，克服弹簧力而顺转子转动的方向摆动，并拨动触点改变其通断状态（在摆杆左右各设一组切换触点，分别在速度继电器正转和反转时发生作用）。

速度继电器的图形、文字符号如图 1-32 所示。

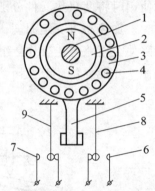

图 1-31　速度继电器结构原理图

1—转轴；2—转子；3—定子；4—绕组；5—摆锤（定子柄）；
6、7—静触点；8、9—弹簧片

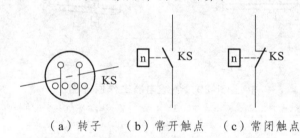

（a）转子　　（b）常开触点　　（c）常闭触点

图 1-32　速度继电器的图形、文字符号

专题 1.2　电气控制电路的绘制原则、图形及文字符号

电气控制系统是由电气设备及电器元件按照一定的控制要求连接而成。为了表达设备电气控制系统的组成结构、工作原理及安装、调试、维修等技术要求，需要用统一的工程语言即用工程图的形式来表达，这种工程图叫做电气控制系统图。电气控制系统图是根据国家电气制图标准，用规定的图形符号、文字符号以及规定的画法绘制的。电气控制系统图主要有三种，电气原理图、电气接线图、电器元件布置图。

1.2.1　电气图形符号与文字符号

电气控制线路是用导线将电机、电器、仪表等电器元件按一定的要求和方法联系起来，并能实现某种功能的电气线路。电气控制线路是根据简明易懂的原则，采用统一规定的图形符号、文字符号和标准画法来进行绘制的。它表达了生产机械电气控制系统的结构、工作原理和技术要求，是电气控制系统安装、调试、使用、检测和维修的重要资料。

1. 图形符号

用于图样或其他文件以表示一个设备或概念的图形、标记或字符。由一般符号、符号要素、限定符号组成。

1）一般符号

用以表示一类产品或此类产品特征的一种很简单的符号。如电阻、电容的符号等。一般符号不但广义上代表各类元器件，也可以表示没有附加信息或功能的具体元件。

2）符号要素

一种具有确定意义的简单图形，必须同其他图形组合以构成一个设备或概念的完整符号。如三相绕线异步电动机是由定子、转子及各自的引线等几个符号要素构成的，这些符号要求有确切的含义，但一般不能单独使用，其布置也不一定与符号所表示的设备的实际结构相一致。

3）限定符号

用以提供附加信息的一种加在其他符号上的符号。限定符号一般不能单独使用，但它可使图形符号更具多样性。如在电阻器一般符号的基础上分别加上不同的限定符号，则可得到可变电阻器，压敏电阻器，热敏电阻器等。

2. 文字符号

文字符号用以标明电气设备、装置和元器件的名称、功能和特征。分为基本文字符号和辅助文字符号，用大写正体拉丁字母表示。

1）基本文字符号

基本文字符号分为单字母和双字母符号两种。单字母符号是按拉丁字母将各类电气设备、装置和元器件划分为 23 大类，每一大类用一个专用单字母符号表示，如"C"表示电容器类，"R"表示电阻器类等；双字母符号是由一个表示种类的单字母和另一个字母组成，如"R"表示电阻器，"RP"表示电位器，"RT"表示热敏电位器等。

2）辅助文字符号

辅助文字符号用以表示电气设备、装置和元器件以及线路的功能、状态和特征。通常是由英文单词的头一两个字母构成。如"L"表示限制，"RD"表示红色，"YB"表示电磁制动器等。

3）线路和三相电气设备端子标记

线路采用字母、数字、符号及其组合来标记。三相交流电源采用 L1 、L2、L3 标记，中性线采用 N 标记；电源开关后的三相交流电源主电路采用 U、V、W 标记；分级三相交流电源主电路采用三相文字符号 U、V、W 前加上阿拉伯数字 1、2、3 等来标记，如 1U、1 V、

1W、2U 等；各电动机分支电路节点标记，采用三相文字符号后面加数字来表示。个位表示电动机代号，十位表示支路各接点代号，在垂直绘制的电路中，标号顺序一般由上而下编号。如 U11 表示 M1 电动机第一个节点，U21 表示 M1 电动机第二个节点，U31 表示 M1 电动机第三个节点等。电动机绕组首端分别用 U、V、W 标记，尾端分别用 U′、V′、W′标记，双绕组的中点用 U″、V″、W″标记。

控制电路采用阿拉伯数字，由三位或三位以下数字组成。标记方法按"等电位"原则进行。

1.2.2 电气原理图

电气原理图是为了便于阅读与分析控制线路，根据简单、清晰原则，采用电器元件展开的形式绘制而成的图样。它包括所有电气元件的导电部件和接线端点等，但并不按照电气元件的实际位置来绘制，也不反映电气元件的大小，如图 1-33 所示。

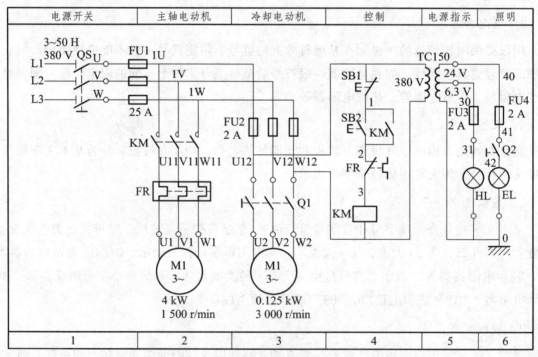

图 1-33 电气原理图

电气原理图一般分为主电路和辅助电路两个部分。主电路从电源到电动机，是大电流通过的路径。辅助电路包括控制电路、照明电路、信号电路及保护电路等，由继电器和接触器的线圈、继电器的触点、接触器的辅助触点、按钮、照明灯、信号灯、控制变压器等电器元件组成。绘制电气原理图应遵循以下原则：

（1）电气控制系统内的全部电机、电器和其他带电部件，都应采用国家统一规定的图形、文字符号在原理图中表示出来。

（2）一般主电路用粗实线绘制在图面的左侧或上方，辅助电路用细实线绘制，在图面的右侧或下方。无论是主电路还是辅助电路，各元件一般应按动作顺序从上到下，从左到右依次排列。

（3）原理图中的电器位置应便于阅读。同一电气元件的各个部件可以不画在一起，但必须采用同一文字符号标明。

（4）图中电器元件和设备的可动部分按没有通电和没有外力作用时的自然状态画出。例如，继电器、接触器的触点，按吸引线圈不通电状态画，控制器按手柄处于零位时的状态画，按钮、行程开关触点按不受外力作用时的状态画。

（5）原理图可水平布置、也可垂直布置。图面上应尽量减少线条、避免交叉。有电的联系的交叉点要用实心圆点表示，可拆卸或测试点用空心圆点表示，无直接电联系的交叉点则不画圆点。

（6）对与电气控制有关的机械、液化、气动等装置，应用符号绘出简图以表示其关系。

1.2.3　电器位置图

电器位置图是用来表示成套装置、设备中各个项目位置的一种图。如图 1-34 所示为某工厂电器位置图，图中详细地绘制出了电气设备中每个电器元件的相对位置，图中各电器元件的文字代号必须与相关电路图中电器元件的代号一致。

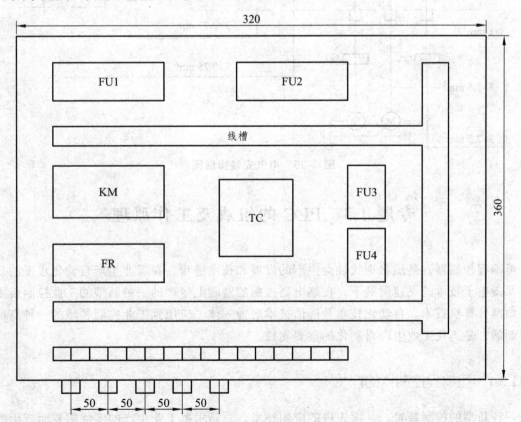

图 1-34　电器位置图

1.2.4 电气安装接线图

电气接线图是电气装备进行施工配线、敷线和校线工作时所应依据的图样之一。用规定的图形和符号，按各电器元件相对位置绘制的实际接线图，清楚地表示各电器元件的相对位置和它们之间的电路连接。它必须符合电器装备的电路图的要求，并清晰地表示出各个电器元件和装备的相对安装与敷设位置，以及它们之间的电连接关系。它是检修和查找故障时所需的技术文件，如图 1-35 所示。在国家标准 GB6988.5—86《电气制图接线图和接线表》中详细规定了编制接线图的规则。

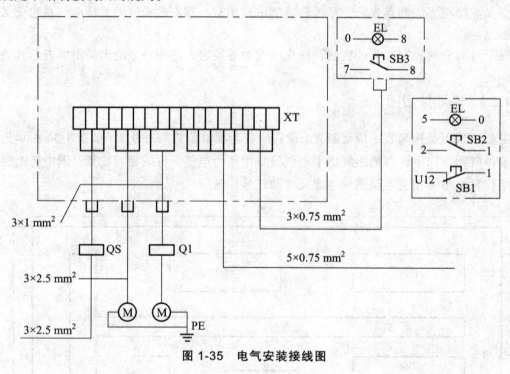

图 1-35　电气安装接线图

专题 1.3　PLC 的组成及工作原理

可编程控制器，是随着现代社会生产的发展和技术进步，在工业生产自动化水平的日益提高及微电子技术的飞速发展下，在继电器控制的基础上生产的一种新型的工业控制装置，是将微型计算机技术、自动化技术及通信技术融为一体，应用到工业控制领域的一种高可靠性控制器，是当代工业生产自动化的重要支柱。

1.3.1　可编程控制器的产生

一种新型的控制装置，一项先进的应用技术，总是根据工业生产的实际需要而产生的。在可编程控制器产生以前，以各种继电器为主要元件的电气控制线路，承担着生产过程自动控制的艰巨任务，可能由成百上千只各种继电器构成复杂的控制系统，需要用成千上万根导线连接起来，安装这些继电器需要大量的继电器柜，且占据大量的空间。当这些继电器运行时，又产生大量的噪音，消耗大量的电能，来保证控制系统的正常运行。如果系统出现故障，要进行检查和排除故障是非常困难的，全靠现场电气技术人员长期积累的经验，尤其是在生产工艺发生变化时，可能需要增加很多的继电器或继电器控制柜，重新接线或改线的工作量极大，甚至可能需要重新设计控制系统。尽管如此，这种控制系统的功能也仅仅局限在能实现具有粗略定时、计数功能的顺序逻辑控制。因此，人们迫切需要一种新的工业控制装置来取代传统的继电器控制系统，使电气控制系统工作更容易维修、更能适应经常变化的生产工艺要求。

1968 年，美国通用汽车公司（GM）为改造汽车生产设备的传统控制方式，解决因汽车不断改型而重新设计汽车装配线上各种继电器的控制线路问题，提出了著名的十条技术指标在社会上招标，要求制造商为其装配线提供一种新型的通用控制器，它应具有以下特点：

（1）编程简单，可在现场方便地编辑及修改程序；

（2）价格便宜，其性能价格比要高于继电器控制系统；

（3）体积要明显小于继电器控制柜；

（4）可靠性要明显高于继电器控制系统；

（5）具有数据通信功能；

（6）输出可以是 AC 115 V；

（7）输出为 AV 115 V、2A 以上；

（8）硬件维护方便，最好是插件式结构；

（9）扩展时，原有系统只需做很小改动；

（10）用户程序存储器容量至少可以扩展到 4 KB。

1969 年，美国数字设备公司（DEC）根据上述要求研制出世界上第一台可编程控制器，型号为 PDP-14，并在 GM 公司的汽车生产线上首次应用成功，取得了显著的经济效益。当时人们把它称为可编程逻辑控制器（Programmable Logic Controller，简称 PLC）。随着微电子技术的发展，20 世纪 70 年代中期以来，由大规模集成电路（LSI）和微处理器在 PLC 中应用，使 PLC 的功能不断增强，它不仅能执行逻辑控制、顺序控制、计时及计数控制，还增加了算术运算、数据处理、通信等功能，具有处理分支、中断、自诊断的能力，使 PLC 更多地具有了计算机的功能。因此，美国电器制造协会（NEMA）将可编程控制器命名为 PC（Programmable Controller），但为了便于与个人计算机 PC（Personal Computer）相区别，人们习惯上仍将其称为 PLC。

可编程控制器这一新技术的出现，受到国内外工程技术界的极大关注，纷纷投入力量研制。第一个把 PLC 商品化的是美国的哥德公司（GOULD），时间也是 1969 年，型号为 084。1971 年，日本从美国引进了这项新技术，研制出日本第一台可编程控制器 DSC-8。1973—1974 年，德国和法国也都相继研制出自己的可编程控制器，德国西门子公司（SIEMENS）于 1973

年研制出欧洲第一台 PLC，型号为 SIEATIC S4。我国从 1974 年开始研制，1977 年开始工业应用。

PLC 技术自从研发诞生之后，就不断地在向前发展，其具体的定义也在不断修改完善。1987 年，国际电工委员会 IEC 颁布了可编程控制器的最新定义：可编程控制器是一种数字运算操作的电子系统，专为在工业环境下应用而设计。采用可编程序的存储器，用来在其内部存储执行逻辑运算、顺序控制、定时、计数和算术运算等操作的指令，并通过数字式和模拟式的输入和输出，控制各种类型机械的生产过程，并强调 PLC 及其有关外围设备都按易于与工业系统连成一个整体、易于扩充其功能的原则设计。

可编程控制器从产生到现在，尽管只有三十年的时间，由于其编程简单、可靠性高、使用方便、维护容易、价格适中等优点，使其得到了迅猛的发展，在冶金、机械、石油、化工、纺织、轻工、建筑、运输、电力等部门得到广泛的应用。

1.3.2 可编程控制器的特点

现代工业生产是复杂多样的，它们对控制的要求也各个要求不相同。可编程序控制器一出现就受到了广大工程技术人员的欢迎。它们的主要特点如下：

1. 抗干扰能力强，可靠性高

微机虽然具有很强的功能，但抗干扰能力差，工业现场的电磁干扰，电源波动，机械震动，温度和湿度的变化，都可以使一般通用微机不能正常工作。而 PLC 在电子线路、机械结构以及软件结构上都吸取生产厂家积累的生产控制经验，主要模块均采用大规模与超大规模集成电路，I/O 系统设计有完善的通道保护与信号调理电路；在结构上对耐热、防潮、防尘、抗震等都有精确考虑；在硬件上采用隔离、屏蔽、滤波、接地等抗干扰措施；在软件上采用数字滤波等抗干扰和故障诊断措施，所以这些使 PLC 具有较高的干扰能力。PLC 的平均无故障时间通常在几万小时以上，这是一般微机不能比拟的。

继电接触器控制系统虽有较好的抗干扰能力，但使用了大量的机械触点，使设备连线复杂，且触点在开闭时易受电弧的损害，寿命短，系统可靠性差。而 PLC 采用微电子技术，大量的开关动作由无触点的电子存储器件来完成，大部分继电器和繁杂的连接被软件程序所取代，故寿命长，可靠性大大提高。

2. 控制系统结构简单，通用性强

PLC 及外围模块品种多，可由各种组件灵活组合成各种大小和不同要求的控制系统。在 PLC 构成的控制系统中，只需在 PLC 的端子上接入相应的输入输出信号线即可，不需要诸如继电器之类的物理电子器件和大量而又繁杂的硬件接线线路。当控制要求改变，需要变更控制系统的功能时，可以用编程器在线或离线修改程序，同一个 PLC 装置用于不同的控制对象，只是输入输出组件和应用软件的不同。PLC 的输入输出可直接与交流 220 V，直流 24 V 等强电相连，并有较强的带负载能力。

3. 编程方便，易于使用

PLC 是面向用户的设备，PLC 的设计者充分考虑到现场工程技术人员的技能和习惯，PLC 程序的编制采用梯形图或面向工业控制的简单指令形式。梯形图与继电器原理图相类似，这种编程语言形象直观、容易掌握，不需要专门的计算机知识和语言，只要具有一定的电工和工艺知识的人员都可在短时间学会。

4. 功能完善

PLC 的输入输出系统功能完善、性能可靠，能够适应于各种形式和性质的开关量和模拟量的输入输出。在 PLC 内部具备许多控制功能，诸如时序、计算器、主控继电器以及移位寄存器、中间寄存器等。由于采用了微处理器，它能够很方便地实现延时、锁存、比较、跳转和强制 I/O 等诸多功能，不仅具有逻辑运算、算术运算、数制转换以及顺序控制功能，而且还具备模拟运算、显示、监控、打印及报表生成功能。此外，它还可以和其他微机系统、控制设备共同组成分布式或分散式控制系统，还能实现成组数据传送、矩阵运算、闭环控制、排序与查表、函数运算及快速中断等功能。因此，PLC 具有极强的适应性，能够很好得满足各种类型控制的需要。

5. 设计、施工、调试的周期短

用继电器、接触器控制完成一项控制工程，必须首先按工艺要求画出电气原理图，然后画出继电器屏（柜）的布置和接线图等，进行安装调试，以后修改起来十分不便。而采用 PLC 控制，由于其硬软件齐全，为模块化积木式结构，且已商品化，故仅需要按性能、容量（输入输出点数、内存大小）等选用组装，而大量具体的程序编制工作也可以在 PLC 到货前进行，因而缩短了设计周期。使设计和施工可同时进行。由于用软件编程取代了硬接线实现控制功能，大大减轻了繁重的安装接线工作，缩短了施工周期。因为 PLC 是通过程序完成控制任务的，采用了方便用户的工业编程语言，且都具有强制和仿真的功能，故程序的设计、修改和调试都很方便，这样可大大缩短设计和投运周期。

6. 体积小，维护操作方便

PLC 体积小、质量轻，便于安装。PLC 的输入输出系统能够直观地反应现场信号的变化状态，还能通过各种方式直观地反映控制系统的运行状态，如内部工作状态、通信状态、I/O 点状态、异常状态和电源状态等，对此均有醒目的提示，非常有利于运行和维护人员对系统进行监视。

1.3.3 可编程控制器的主要功能

可编程控制器是采用微电子技术来完成各种控制功能的自动化设备，可以在现场的输入信号作用下，按照预先输入的程序，控制现场的执行机构，按照一定规律进行动作。其主要功能如下：

1. 顺序逻辑控制

这是 PLC 最基本广泛的应用领域,用来取代继电器控制系统,实现逻辑控制和顺序控制。它既可用于单机控制或多机控制,又可用于自动化生产的控制。PLC 根据操作按钮、限位开关及其他现场给出的指令信号和传感器信号,控制机械运动部件进行相应的操作。

2. 运动控制

在机械加工行业,可编程控制器与计算机数控(CNC)集成在一起,用以完成机床的运动控制。很多 PLC 机制造厂家已提供了拖动步进电机及伺服电机的单轴或多轴位置控制模块。在多数情况下,PLC 把描述目标位置的数据送给模块,模块移动一轴或数轴到目标位置。当每个轴移动时,位置控制模块保持适当的速度和加速度,确保运动平滑。目前已用在控制无心磨削、冲压、复杂零件分段冲裁、滚削、磨削等场合。

3. 定时控制

PLC 为用户提供了一定数量的定时器,并设置了定时器可实现 0.1 ～ 999.9 s 或 0.01 ～ 99.9 s 的定时控制,也可以按一定方式进行定时时间的扩展。定时精度高,定时设定方便、灵活。同时 PLC 还提供了高精度的时钟脉冲,用于准确的实时控制。

4. 计数控制

PLC 为用户提供的计数器分为普通计数器、可逆计数器、高数计数器等,用来完成不同用途的计数控制。当计数器的当前计数值等于计数器的设定值,或在某一数值范围时,发出控制命令。计数器的计数值可以在运行中被读出,也可以在运行中进行修改。

5. 步进控制

PLC 为用户提供了一定数量的移位寄存器,用移位寄存器可方便地完成步进控制功能。在一道工序完成之后,自动进行下一道工序。一个工作周期结束后,自动进入下一个工作周期。有些 PLC 还专门设有步进控制指令,使得步进控制更为方便。

6. 数据处理

大部分 PLC 都具有不同程度的数据处理,如 F2 系列、C 系列、S5 系列 PLC 等,能完成数据运算如加、减、乘、除、乘方、开方等,逻辑运算如与、或、异或、求反等,移位、数据比较和传送及数值的转换等操作。

7. 模/数和数/模转换

在过程控制或闭环控制系统中,存在温度、压力、流量、速度、位移、电流、电压等连续变化的物理量(或称模拟量)。过去,由于 PLC 机只善于逻辑运算控制,对于这些模拟量的控制主要靠仪表控制(如果回路数较少)或分布式控制 DCS(如果回路数较多)。目前,不但大、中型 PLC 都具有模拟量处理功能,甚至很多小型 PLC(如 C 系列 P 型机)也具有模拟量处理功能,而且编程和使用都很方便。

8. 通信及联网

目前绝大多数 PLC 都具备了通信能力，能够在 PLC 机与计算机之间进行同位链接及上位链接。通过这些通信技术，使 PLC 更容易构成工厂自动化（FA）系统。也可与打印机、监视器等外部设备相连，记录和监视有关数据。

1.3.4　PLC 的分类

PLC 产品种类繁多，其规格和性能也各不相同。

1. 按照 I/O 点数分类

PLC 用于对外部机械设备的控制，外部信号的输入、PLC 运算结果的输出都要通过 PLC 的输入输出端子来进行接线，输入、输出端子的数目之和被称作 PLC 的输入、输出点数，简称 I/O 点数。

由 I/O 点数的多少，可将 PLC 分成小型、中型、大型 3 种型号。

小型 PLC 的 I/O 点数小于 256 点，以开关量控制为主，具有体积小、价格低的优点。可由于开关量的控制、定时/计数的控制、顺序控制及少量模拟量的控制，代替继电器-接触器控制，用于单机或小规模生产过程中。

中型 PLC 的 I/O 点数在 256～1 024 之间，功能比较丰富，兼有开关量和模拟量的控制能力，适用于较复杂系统的逻辑控制和闭环过程的控制。

大型 PLC 的 I/O 点数在 1 024 点以上。用于大规模过程控制，集散式控制和工厂自动化网络。

2. 按结构形式分类

PLC 可分为整体式结构和模块式结构两大类。

整体式 PLC 是将 CPU、存储器、I/O 部件等组成部分集中于一体，安装在印制电路板上，并连同电源一起装在一个机壳内，形成一个整体，通常称为主机或基本单元。整体式结构的 PLC 具有结构紧凑、体积小、重量轻、价格低的优点。一般小型或超小型 PLC 多采用这种结构。

模块式 PLC 是把各个组成部分做成独立的模块，如 CPU 模块、输入模块、输出模块、电源模块等。各个模块做成插件式结构，组装在一个具有标准尺寸并带有若干插槽的机架内。模块式结构的 PLC 配置灵活，装配和维修方便，易于扩展。一般大中型的 PLC 都采用这种结构。

1.3.5　PLC 与个人计算机（PC）的主要差异

（1）PLC 工作环境要求比 PC 低，PLC 的抗干扰能力强。
（2）PLC 的编程比 PC 简单易学。

（3）PLC 的设计调试周期短。

（4）PC 应用领域与 PLC 不同。

（5）PLC 的输入/输出响应速度慢，（一般 ms 级），而 PC 的响应速度快（为μs 级）。

（6）PLC 维护比 PC 容易。

1.3.6　PLC 与继电器接触器控制系统的主要差异

PLC 与继电器控制的区别主要体现在：组成器件不同，PLC 中的器件是软继电器；触点数量不同，PLC 编程中无触点数的限制；实施控制的方法不同，PLC 主要由软继电器控制，而继电器控制主要依靠硬件连接线来完成的。

1.3.7　PLC 与单片机控制系统的主要差异

单片机控制系统的硬件需人工设计、焊接，需较强的电子技术技能，抗干扰能力差，程序控制方式，无触点，维护、使用需较强的专业知识，程序设计较难，系统更新换代周期长。

1.3.8　PLC 硬件电路结构与工作原理

1. PLC 的控制组件

各生产厂家生产的 PLC 虽然外观不一样，但作为工业控制计算机，其硬件结构都大体相同。PLC 的硬件主要由中央处理器（CPU）、存储器（RAM、ROM）、输入输出单元（I/O 接口）、电源及外围编程设备等几大部分构成。

对于整体式 PLC，将电源、CPU、I/O 接口等部件都集中装在一个机箱内，其结构框图如图 1-36 所示。尽管模块式 PLC 与整体式 PLC 的结构不太一样，但各组成部件的功能作用是相同的，以下对 PLC 的各主要组成部件进行简单的介绍。

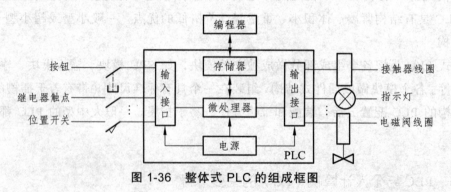

图 1-36　整体式 PLC 的组成框图

1）中央处理器（CPU）

CPU 是可编程序控制器的核心。在系统程序的控制下，① 诊断电源、PLC 内部电路工作状态；② 接收、诊断并存储从编程器输入的用户程序和数据；③ 用扫描方式接收现场输入装置的状态或数据，并存入输入映像寄存器或数据寄存器。

在 PLC 进入运行状态后，① 从存储器中逐条读取用户程序；② 按指令规定的任务，产生相应的控制信号，去启闭有关控制门电路，分时分渠道地去执行数据的存取、传送、组合、比较和变换等动作；③ 完成用户程序中规定的逻辑或算术运算等任务。

根据运算结果，① 更新有关标志位的状态和输出映像寄存器的内容；② 实现输出控制、制表、打印或数据通信等。

PLC 采用的 CPU 一般有三大类；一类为通用微处理器，如 80286、80386 等。一类为单片机芯片，如 8031、8096 等，另外还有位处理器，如 AMD2900、AMD2903 等。一般来说，PLC 的档次越高，CPU 的位数也越多，运算速度也就越快，指令功能也就越强。现在常用的 PLC 机型一般为 8 位或者 16 位机。为了提高 PLC 的性能，也有一台 PLC 采用多个 CPU 的情况。

2）存储器

存储器是 PLC 存放系统程序、用户程序及运算数据的单元。可编程控制器的存储器由只读存储器 ROM、随机存储器 RAM 和可电擦写的存储器 EEPROM 3 大部分构成，主要用于存放系统程序、用户程序及工作数据。

（1）系统程序存储器。系统程序存储器用来存放由可编程控制器生产厂家编写的系统程序，并固化在 ROM 内，用户不能直接更改。它使可编程控制器具有基本的智能。能够完成可编程控制器设计者规定的各项工作。

系统程序质量的好坏，很大程度上决定了 PLC 的性能，其内容主要包括三部分：第一部分为系统管理程序，它主要控制可编程控制器的运行，使整个可编程控制器按部就班地工作；第二部分为用户指令解释程序，通过用户指令解释程序，将可编程控制器的编程语言变为机器语言指令，再由 CPU 执行这些指令；第三部分为标准程序模块与系统调用程序，它包括许多不同功能的子程序及其调用管理程序，如完成输入、输出及特殊运算等的子程序，可编程控制器的具体工作都是由这部分程序来完成的，这部分程序的多少决定了可编程控制器性能的强弱。

（2）用户程序存储器。根据控制要求而编制的应用程序称为用户程序。用户程序存储器用来存放用户针对具体控制任务，用规定的可编程控制器编程语言编写的各种用户程序。用户程序存储器根据所选用的存储器单元类型的不同，可以是 RAM（有用锂电池进行掉电保护），EPROM 或 EEPROM 存储器，其内容可以由用户任意修改或增删。目前较先进的可编程控制器采用可随时读写的快闪存储器（FlashROM）作为用户程序存储器。FlashROM 不需后备电池，掉电时数据也不会丢失。

（3）工作数据存储器。工作数据存储器用来存储工作数据，即用户程序中使用的 ON/OFF 状态、数值数据等。在工作数据区中开辟有元件映像寄存器和数据表。其中元件映像寄存器用来存储开关量/输出状态以及定时器、计数器、辅助继电器等内部器件的 ON/OFF 状态。数据表用来存放各种数据，它存储用户程序执行时的某些可变参数值及 A/D 转换得到的数字量和数学运算的结果等。用户程序存储器和用户存储器容量的大小，关系到用户程序容量的大小和内部器件的多少，是反映 PLC 性能的重要指标之一。

3）I/O 单元及 I/O 扩展接口

（1）I/O 单元。PLC 内部输入电路的作用是将 PLC 外部电路（如行程开关、按钮、传感器等）提供的符合 PLC 输入电路要求的电压信号，通过光耦合电路送至 PLC 内部电路。输入电路通常以光电隔离和阻容滤波的方式提高抗干扰能力，输入响应时间一般在 0.1～15 ms之间。根据输入信号形式的不同，可分为模拟量 I/O 单元、数字量 I/O 单元两大类。根据输入单元形式的不同，可分为基本 I/O 单元、扩展 I/O 单元两大类。

（2）I/O 扩展接口。可编程控制器利用 I/O 扩展接口使 I/O 扩展单元与 PLC 的基本单元实现连接，当基本 I/O 单元的输入或输出点数不够使用时，可以用 I/O 扩展单元来扩充开关量 I/O 点数和增加模拟量的 I/O 端子。

4）电源及外围编程设备

电源单元的作用是把外部电源（220 V 的交流电源）转换成内部工作电压。外部连接的电源，通过 PLC 内部配有的一个专用开关式稳压电源，将交流/直流供电电源转化为 PLC 内部电路需要的工作电源（仅供输入端点使用），而驱动 PLC 负载的电源由用户提供。

编程器是 PLC 的重要外围设备。利用编程器将用户程序送入 PLC 的存储器，还可以用编程器检查程序，修改程序，监视 PLC 的工作状态。常见的 PLC 外围编程装置有手持编程器和计算机。在 PLC 发展的初期，一般使用专用编程器来进行编程。随着计算机的普及，基于个人计算机的编程软件越来越受欢迎。目前很多 PLC 厂商或经销商对用户提供编程软件，在个人计算机上安装相应的硬件接口和软件包，即可用个人计算机对 PLC 进行编程。

2. PLC 的输入输出接口电路

输入输出接口实际上是 PLC 与被控对象间各类信号连接的部分。输入输出接口电路必须要满足两个主要的要求：一是要有良好的电隔离和滤波作用，具备强大的抗干扰能力；二是接口电路能满足工业生产现场各类信号的匹配要求。

1）开关量的输入接口电路

输入接口主要作用是把现场的开关量信号变成 PLC 内部处理的标准信号。由于生产过程中使用的各种开关、按钮、传感器等输入器件直接接到 PLC 输入接口电路上，为防止由于触点抖动或干扰脉冲引起错误的输入信号，输入接口电路必须有很强的抗干扰能力。输入接口中都有滤波电路和耦合隔离电路，滤波有抗干扰的作用，耦合有抗干扰及产生标准信号的作用。输入接口电路按使用的电源不同，分为直流输入电路、交流输入电路和交直流输入电路三种，如图 1-37 所示。

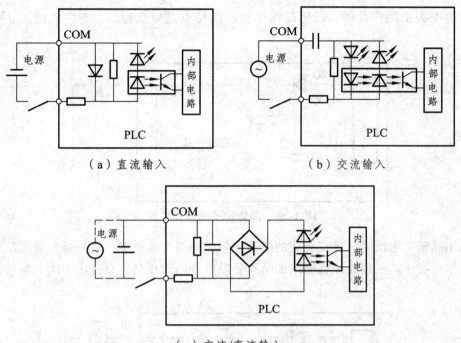

（a）直流输入　　　　　　　　　（b）交流输入

（c）交流/直流输入

图 1-37　PLC 开关量输入接口

在一般的单元式的 PLC 中，如果容量能够满足使用要求，输入口可以使用 PLC 本机内的直流电源供电，不需要再在 PLC 机外另接电源。本书中的输入接口是分体式输入口的画法，电源部分都置于输入口外。

2）开关量的输出接口电路

输出接口是将 PLC 内部的标准信号转换成工业生产现场执行机构（如接触器、电磁阀等）所需的开关量信号。输出接口电路按输出开关器件的种类分，有继电器输出（见图 1-38）、晶体管输出（见图 1-39）和双向晶闸管输出（见图 1-40）三种。

PLC 采用继电器输出方式，其特点是负载电源可以是交流电源，也可以是直流电源，但响应速度较慢，一般为毫秒级。电源由用户自己提供。

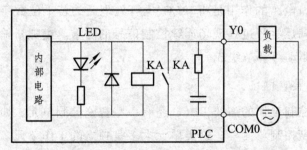

图 1-38　继电器输出接口电路

当采用晶体管输出时，其输出接口有较高的接通断开频率，所接负载的电源应是直流电源，并且电源由用户提供。采用晶体管输出的特点是可靠性高、响应速度快，可以达到纳秒级。

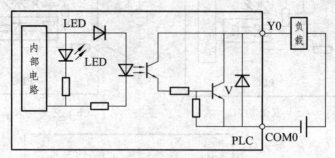

图 1-39　晶体管输出接口电路

当采用晶闸管输出时，所接负载的电源一般只能是交流电源，否则晶闸管无法关断，并且电源由用户提供。采用晶体管输出的特点是晶闸管的耐压高，负载电流大，响应的时间为微秒级。

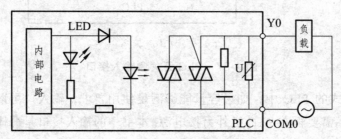

图 1-40　晶闸管输出接口电路

3）模拟量的输入、输出接口电路

模拟量的输入接口把现场连续变化的模拟量标准信号转换成适合 PLC 内部处理的由若干位二进制数字表示的信号。模拟量输入接口接收标准模拟信号，无论是电压信号或是电流信号均可。这里标准信号是指符合国际标准的通用电压电流信号，如 4 ~ 20 mA 的直流电流信号，0 ~ 10 V 的直流电压信号等。工业现场中模拟量信号的变化范围一般是不标准的，在送入模拟量接口时一般都需经变送处理才能使用。

模拟量的输出接口电路的作用是将 PLC 运算处理后的若干位数字量信号转换为相应的模拟量信号输出，以满足生产过程现场连续控制信号的需求。模拟量输出接口一般由光电隔离、D/A 转换和信号驱动等环节组成。

4）智能输入输出接口电路

为适应较复杂的控制工作的需要，PLC 还有一些智能控制单元，如 PID 控制单元、高速计数器工作单元、温度控制单元等。这类单元大多是独立的工作单元。它们和普通输入输出接口的区别在于一般带有单独的 CPU，有专门的处理能力。在具体的工作中，每个扫描周期内智能单元和主机的 CPU 交换一次信息，共同完成控制任务。从近期的发展来看，不少新型的 PLC 本身也带有 PID 功能和高速计数器接口，但它们的功能一般比专用单元的功能弱。

3. PLC 的工作原理

PLC 的工作原理与计算机的工作原理基本上是一致的，可以简单地表述为系统程序的管理下，通过运行应用程序完成用户任务。但个人计算机与 PLC 的工作方式有所不同，计算机一般采用等待命令的工作方式，如常见的键盘扫描方式或 I/O 扫描方式。当键盘有键按下或 I/O 口有信号输入时则中断转入相应的子程序。而 PLC 在确定了工作任务，载入了专用控制程序后，称为一种专用的工业控制计算机，它采用循环扫描工作方式，系统工作任务管理（内部处理、通信操作等）及用户程序执行都是以循环扫描方式完成的。

PLC 系统正常工作所要完成的任务包括 PLC 内部各工作单元的调度、监控，PLC 与外围设备间的通信，用户程序所要完成的工作等。这些工作都是分时完成的，每项工作又都包含着许多具体的工作。其中，用户程序的完成可分为输入采样、程序执行和输出刷新三个阶段（见图 1-41）：

（1）PLC 在输入采样阶段：首先以扫描方式按顺序将所有暂存在输入锁存器中的输入端子的通断状态或输入数据读入，并将其写入各对应的输入状态寄存器中，即刷新输入。随即关闭输入端口，进入程序执行阶段。

（2）PLC 在程序执行阶段：按用户程序指令存放的先后顺序扫描执行每条指令，经相应的运算和处理后，其结果再写入输出状态寄存器中，输出状态寄存器中所有的内容随着程序的执行而改变。

（3）输出刷新阶段：当所有指令执行完毕，输出状态寄存器的通断状态在输出刷新阶段送至输出锁存器中，并通过一定的方式（继电器、晶体管或晶闸管）输出，驱动相应输出设备工作。

这三个阶段也是分时完成的。为了连续地完成 PLC 所承担的工作，系统必须周而复始地依一定的顺序完成这一系列的具体工作，这种工作方式叫做循环扫描工作方式。PLC 用户程序执行阶段其扫描的工作过程如图 1-41 所示。

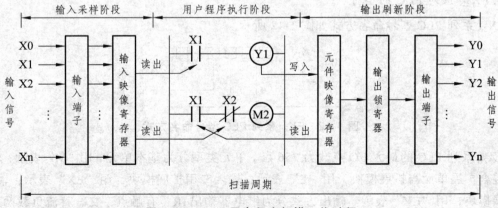

图 1-41 PLC 用户程序扫描工作过程

PLC 工作时，重复地执行上述三个阶段，每重复一次的时间就是一个扫描周期。PLC 在一个扫描周期中，输入采样和输出刷新的时间一般为 4 ms 左右，而程序执行时间由用户程序长短确定。PLC 一个扫描周期一般为 40 ~ 100 ms 之间。

注意，PLC 在一个扫描周期内，对输入信号的采样只在输入采样阶段进行。当 PLC 进入用户程序执行阶段后，输入端将被封锁，直到下一个扫描周期的输入采样阶段才对输入状态进行重新采样，即在一个扫描周期内，集中一段时间对输入信号进行采样，这种方式称为集中采样。同时，在一个扫描周期内，PLC 也只在输出刷新阶段才将输出状态从元件映像寄存器中输出，对输出端子进行刷新。在其他阶段，输出状态一直保存在元件映像寄存器中，这种方式称为集中输出。

PLC 采用这种集中采样、集中输出的"串行"工作方式，可以避免继电-接触器控制中触点竞争和时序失配的问题，这是 PLC 的抗干扰能力强、可靠性高的原因之一。但是这也导致了输出对输入在时间上的滞后，这是 PLC 的缺点之一。

专题 1.4　FX$_{2n}$ 系列 PLC 的主要编程元件

1.4.1　FX$_{2n}$ 系列可编程控制器的基本组成

三菱公司是日本生产 PLC 的主要厂家之一。先后推出的小型、超小型 PLC 有 F 系列和 FX 等系列。其中 F 系列已经停产，FX 系列 PLC 种类丰富，可以满足不同客户的使用要求，它将 CPU 和输入/输出一体化，使应用更为方便。

FX 系列 PLC 又分为 FX$_2$、FX$_{2c}$、FX$_{2N}$、FX$_{2NC}$、FX$_{1S}$、FX$_{1N}$ 等几个小系列。FX$_{2N}$ 系列 PLC 是 FX 系列中最高级的模块。它拥有无以匹及的速度、更高级的功能、逻辑选件以及定位控制等特点，FX$_{2N}$ 是从 14 到 256 路输入、输出的多种应用的选择方案。本书以 FX$_{2N}$ 系列 PLC 为例进行介绍。

1. FX$_{2N}$ 系列 PLC 的型号

FX$_{2N}$ 系列 PLC 型号命名方式如图 1-42 所示。

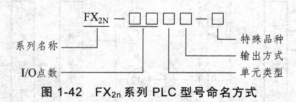

图 1-42　FX$_{2n}$ 系列 PLC 型号命名方式

FX$_{2N}$ 系列 PLC 的最大 I/O 点数为 256 点。单元类型分为基本单元，用"M"表示；输入、输出混合扩展单元与扩展模块，用"E"表示；输入专用扩展模块，用"EX"表示；输出专用扩展模块，用"EY"表示。输出方式分为继电器输出 R（有触点，交、直流负载两用），双向晶闸管输出 S（无触点，交流负载用），晶体管输出 T（无触点，直流负载用）。特殊品种如电源输入/输出等：无标记为 DC 输入，AC 电源；D 为 DC 输入，DC 电源；A1 为 AC 电源，AC 输入（AC100～120 V）或 AC 输出模块。例如，FX$_{2n}$-48MT-D 表示 FX$_{2n}$ 系列、48 个输入/输出点的基本单元、晶体管输出型、使用 24 V 直流电源。

2. FX$_{2n}$ 系列 PLC 的基本组成

FX$_{2n}$ 系列 PLC 采用一体化箱体结构，由基本单元、扩展单元、扩展模块及特殊功能单元几部分构成。其中基本单元包括 CPU、存储器、输入/输出接口和电源等，它们都装在一个模块内，是一个完整的控制装置，是 PLC 的主要部分，每个 PLC 控制系统中必须具有一个基本单元。FX$_{2n}$ 系列 PLC 基本单元的输入点数和输出点数相等。

扩展单元、扩展模块、特扩展单元和扩展模块是用于增加 I/O 点数或改变 I/O 点数的比例的装置，它们内部都没有 CPU，必须与基本单元一起使用。扩展单元内部设有电源，而扩展模块内部没有电源，它的电源由基本单元或扩展单元提供。特殊功能模块是一些具有专门用途的装置，如进行模拟量控制的 A/D、D/A 转换模块，位置扩展模块，高速计数模块，通信模块，过程控制模块等。特殊功能单元是为了增加输入输出点数和扩展应用功能而配置的。

FX$_{2n}$ 系列 PLC 的基本指令执行时间为 0.08 μs/每条指令，每个基本单元最多可以连接 1 个特殊功能扩展板、8 个特殊单元和模块。内置的用户存储器容量为 8 k 步，可以扩展到 16 k 步，可扩展的最大 I/O 点数各为 184 点，合计 I/O 点数应在 256 点以内。

3. FX$_{2n}$ 系列 PLC 的编程元件

PLC 用于工业控制，本质上是用程序表达控制过程中事物间的逻辑或控制关系。而就程序来说，这种关系必须借助机内器件来表达。这就要求在 PLC 内部设置具有各种各样功能的，能方便地代表控制过程中各种事物的元器件，这就是编程元件。PLC 中的编程元件称为"软继电器"或编程"软元件"。PLC 的用户程序可以看成是许多各种"软继电器及其触点"按一定要求组合起来的集合体。

PLC 编程元件的使用主要体现在程序中。一般可以认为编程元件与继电器、接触器元件类似，具有线圈和常开常闭触点。而且触点的状态随着线圈的状态而变化，即当线圈被选中（得电）时，常开触点闭合，常闭触点断开；当线圈失去选中条件（断电）时，常闭触点闭合，常开触点断开。和继电器、接触器器件不同的是，作为计算机的存储单元，从实质上说，某个元件被选中，只是代表这个元件的存储单元置 1，失去选中条件只是代表这个元件的存储单元置 0。由于元件只不过是存储单元，可以无限次地访问，PLC 的编程元件可以有无数多触点。

PLC 内部有许多具有不同功能的器件：输入继电器 X、输出继电器 Y、定时器 T、计数器 C、辅助继电器 M、状态寄存器 S 等。为了与实际的物理器件相区别，我们把上述 PLC 的内部器件称为软元件。

不同厂家、不同系列的 PLC，同一厂家的不同型号的 PLC 其内部软元件的数量、种类、功能和编号也不相同，因此用户在编制程序时，必须熟悉所选用 PLC 的软元件功能和编号。FX$_{2N}$ 系列 PLC 软继电器编号由字母和数字组成。其中，输入继电器和输出继电器用八进制数字编址，其他均采用十进制数字编址。

1）输入继电器（X）

输入继电器用 X 表示，它是 PLC 接收来自外部输入设备开关信号的接口。输入继电器是 PLC 用来接收用户输入设备发来的输入信号，其线圈只能由外部输入信号所驱动，只有当外部信号接通时，对应的输入继电器才得电，不能在程序内部用指令来驱动，其触点也不能直接驱动外部负载。输入继电器以八进制进行编号，例如 FX 系列 PLC 为 X000 ~ X007、X010 ~ X017、X020 ~ X027、X030 ~ X037、X040 ~ X047、X050 ~ X057、…、X260 ~ X267，最多 184 点，如图 1-43 所示。

输入继电器 X 应用中要注意以下两点：① 在程序中绝对不可能出现输入继电器的线圈，只能出现输入继电器的触点；② 每个输入继电器的常开与常闭触点均可使用无数次。

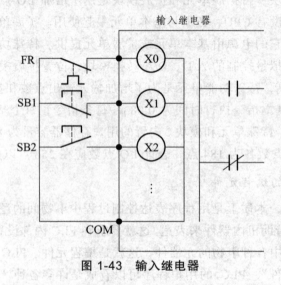

图 1-43　输入继电器

2）输出继电器（Y）

输出继电器是用来传送信号到外部负载的元件。也采用八进制编址，FX 系列 PLC 为 Y000 ~ Y267，最多 184 点。输出继电器是用来将 PLC 内部信号输出传送给外部负载，其线圈是只能由 PLC 内部程序驱动，而不能由外部信号所驱动，其线圈状态传送给输出单元，再由输出单元对应的硬触点来驱动外部负载。每个输出继电器在输出单元中都对应有一个常开硬触点，但在程序中供编程的输出继电器，不管是常开还是常闭触点，都可以无数次使用。如图 1-44 所示。

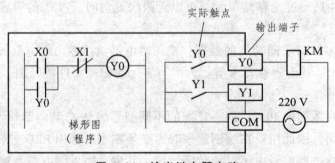

图 1-44　输出继电器电路

3）辅助继电器（M）

辅助继电器是 PLC 中数量最多的一种继电器，其作用相当于继电器控制系统中的中间继电器。和输出继电器一样，其线圈由程序指令驱动，每个辅助继电器都有无限多对常开和常闭触点，供编程使用。但是，辅助继电器的触点不能直接驱动外部负载，要通过输出继电器才能实现对外部负载的驱动。FX$_{2n}$ 系列 PLC 的辅助继电器有三种类型：通用辅助继电器、断电保持用辅助继电器和特殊用途辅助继电器。

FX$_{2n}$ 系列 PLC 中，通用辅助继电器共有 500 点，编号范围为 M0~M499。若 PLC 运行时电源突然断电，通用辅助继电器将全部变为 OFF。当电源再次接通时，除了因外部输入信号而变为 ON 的以外，其余的仍保持 OFF 状态。通用辅助继电器没有断电保持功能，但通过程序设定可以将 M0~M499 变为断电保持辅助继电器。

FX$_{2n}$ 系列 PLC 中，断电保持辅助继电器共有 524 点，编号范围为 M500~M1023。断电保持辅助继电器基本用法和功能同一般辅助继电器相同，所不同的是：上电后，PLC 恢复运行，断电保持用辅助继电器能保持断电前的状态。它们具有断电保持功能，即能记忆电源中断瞬时的状态，当系统重新上电后，可再现其状态。另外，编号为 M500~M1023 的断电保持辅助继电器还可以通过程序设定为通用辅助继电器。

FX$_{2n}$ 系列中，特殊辅助继电器共有 256 点，编号范围为 M8000~M8255，可分为触点利用型和线圈驱动型两种。

（1）触点利用型特殊辅助继电器。

由 PLC 的系统程序来驱动它们的线圈，在用户程序中直接使用其触点，但是不能出现它们的线圈。下面是几个特殊的辅助继电器（见图 1-45）：

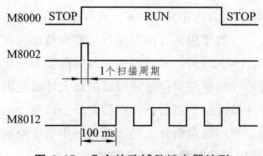

图 1-45　几个特殊辅助继电器波形

当 PLC 执行用户程序时，M8000 为 ON；停止时，M8000 为 OFF（见图 1-45）。M8000 可以用作"PLC 正常运行"的标志上传给上位计算机。

M8002 仅在 M8000 由 OFF 变为 ON 状态时的一个扫描周期内为 ON（见图 1-45）。通常用 M8002 的常开触点来使有断电保持功能的元件初始化复位清零，或给某些元件置初始值。

M8011、M8012、M8013、M8014：产生 10 ms、100 ms、1 s 和 1 min 时钟脉冲的特殊辅助继电器。

（2）线圈驱动型特殊辅助继电器

由用户程序驱动其线圈，使 PLC 执行特定的操作，用户并不使用它们的触点。例如，M8030：其线圈"通电"后，"电池电压降低"发光二极管熄灭；M8033：其线圈"通电"时，PLC 由 RUN 进入 STOP 状态后，映像寄存器与数据寄存器中的内容保持不变；M8034：其线圈"通电"时，PLC 的输出全部被禁止，但是程序仍然正常执行；M8039：其线圈"通电"时，PLC 按 D8039 中指定的扫描时间工作。

4）状态器（S）

状态器 S 是构成状态转移图的重要软元件，在步进顺控程序中起着重要的作用，它与后述的步进指令配合使用。不使用步进指令时，可作辅助继电器在程序中使用，但不能直接驱动外部负载。

状态器一般有五个类型：① 初始状态器 S0~S9（10 个）；② 回零（复位）状态器 S10~S19（10 个）；③ 通用状态器 S20~S499（480 个）；④ 保持状态器 S500~S899（400 个）；⑤ 报警状态器 S900~S999（100 个）。

5）定时器（T）

PLC 的定时器是 PLC 内具有延时功能的软器件，相当于电气控制系统中的通电延时型时间继电器，但 PLC 的定时器可提供无数对的常开、常闭延时触点供编程用。定时器中有一个设定值寄存器（一个字长），用来存储编程时赋值的计时时间设定值；一个当前值寄存器（一个字长），用来记录计时当前值；还有一个用来存储其输出触点的映像寄存器（一个二进制位）。定时器工作是将 PLC 内的 1 ms、10 ms、100 ms 等的时钟脉冲相加计算，当它的当前值等于设定值时，定时器的输出触点动作。

FX$_{2n}$ 系列 PLC 定时器设定值可用常数（K）或数据寄存（D）中数值设定（使用数据寄存器设定定时器设定值时，一般使用具有掉电保持功能的数据寄存器，这样在断电时不会丢失数据），设定值的范围为 1~32 767。定时器的定时时间值为：定时时间 = 基准时间 × 预置值。其最大值乘以定时器的计时单位值即是定时器的最大计时范围值。

定时器满足计时条件开始计时，当前值寄存器则开始计数，当前值与设定值相等时定时器动作，其常开触点接通，常闭触点断开，并通过程序作用于控制对象，达到时间控制的目的。定时器（T）可分为通用型定时器和积算型定时器两种。

（1）通用型定时器。

100 ms 定时器：T0~T199，共 200 点；定时范围：0.1~3 276.7 s；其中，T192~T199 为子程序和中断服务程序专用定时器。

10 ms 定时器：T200~T245，共 46 点；定时范围：0.01~327.67 s。

定时器的应用如图 1-46 所示。当 X000 的常开触点接通时，T220 的当前值计数器从零开始，对 10 ms 时钟脉冲进行累加计数。当前值等于设定值 155 时，定时器的常开触点接通，常闭触点断开，即 T220 的输出触点在其线圈被驱动 1.55 s 后动作。注意，X000 的常开触点断开后，定时器被复位，它的常开触点断开，常闭触点接通，当前值恢复为零。也即通用定时器没有保持功能，在输入电路断开或停电时复位。

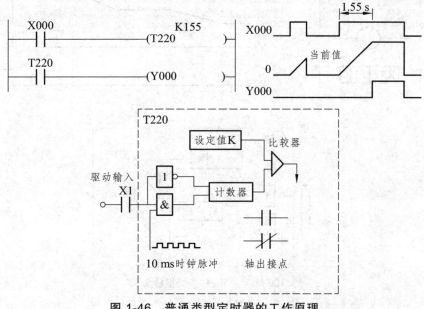

图 1-46　普通类型定时器的工作原理

定时器一般没有瞬时动作的触点，如果需要在定时器的线圈"通电"时就动作的瞬动触点，可以在定时器线圈两端并联一个辅助继电器的线圈，并使用它的触点，如图 1-47 所示。

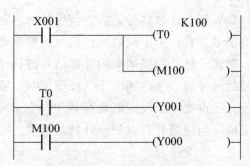

图 1-47　定时器通电瞬时触点

（2）积算型定时器。

1 ms 累积型定时器：T246 ~ T249，共 4 点，执行中断保持；定时范围：0.001 ~ 32.767 s；100 ms 累积型定时器：T250 ~ T255，共 6 点，定时中断保持；定时范围：0.1 ~ 3 276.7 s。

积算型定时器与通用型定时器不同的是，在计时过程中，若停电或定时器线圈断开，定时器停止工作，并保持当前值，当恢复送电或定时器线圈接通时，积算型定时器会继续累加时间。只有将积算定时器复位，当前值才变为零。积算型定时器的工作原理如图 1-48 所示。

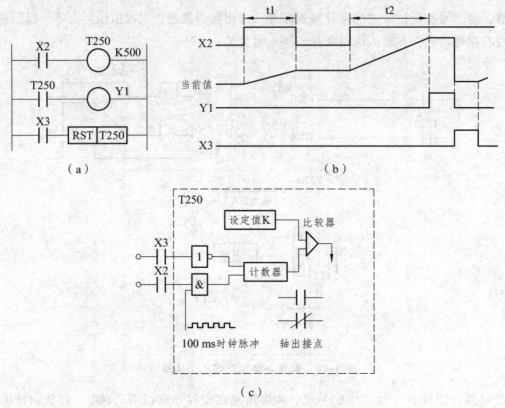

（a）　　　　　　　　　　　　　　　　　　（b）

（c）

图1-48　积算型定时器工作原理图

6）计数器（C）

　　计数器在程序中用作计数控制。计数器分为内部信号计数器和外部信号计数器两类。内部计数器是对机内的元件的信号计数，由于机内元件信号的频率低于扫描频率，因而是低速计数器，也称普通计数器。对高于机器扫描频率的外部信号进行计数，需要用高速计数器。计数器累计内部或外部信号的脉冲数，当达到所定的设定值时，输出触点动作。计数器除了占有自己编号的存储器位外，还占有一个设定值寄存器和一个当前值寄存器。设定值寄存器存储编程时赋值的计数设定值。当前值寄存器记录计数当前值。FX_{2N}系列PLC的计数器如表1-2所示。

表1-2　FX_{2n}系列PLC内部计数器

	类型	编号范围	点数	设定值范围
内部计数器	16位（加）通用型	C0 ~ C99	100	1 ~ 32 767
	16位（加）断电保持型	C100 ~ C199	100	1 ~ 32 767
	32位加/减通用型	C200 ~ C219	20	- 2 147 483 648 ~ 2 147 483 647
	32位加/减断电保持型	C220 ~ C234	15	
	高速计数器	C235 ~ C255	21	- 2 147 483 648 ~ 2 147 483 647

（1）内部计数器。

内部计数器是在执行扫描操作时对内部信号（如 X、Y、M、S、T 等）进行计数。内部输入信号的接通和断开时间应比 PLC 的扫描周期稍长。

① 16 位增计数器（C0~C199），共 200 点，其中 C0~C99 为通用型，C100~C199 共 100 点为断电保持型（断电保持型即断电后能保持当前值，待通电后继续计数）。这类计数器为递加计数，应用前先对其设置一设定值，当输入信号（上升沿）个数累加到设定值时，计数器动作，其常开触点闭合、常闭触点断开。计数器的设定值为 1~32 767（16 位二进制），设定值除了用常数 K 设定外，还可间接通过指定数据寄存器设定。

下面举例说明通用型 16 位增计数器的工作原理。如图 1-49 所示，X0 为复位信号，当 X0 为 ON 时 C1 复位。X1 是计数输入，每当 X1 接通一次计数器当前值增加 1（注意 X0 断开，计数器不会复位）。当计数器计数当前值为设定值 6 时，计数器 C1 的输出触点动作，Y0 被接通。此后即使输入 X1 再接通，计数器的当前值也保持不变。当复位输入 X0 接通时，执行 RST 复位指令，计数器复位，输出触点也复位，Y0 被断开。

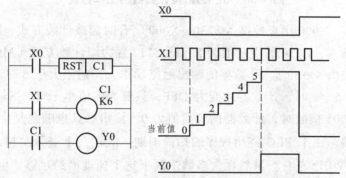

图 1-49　16 位递增型计数器工作示意图

② 32 位增/减计数器（C200~C234），共有 35 点 32 位增/减计数器，其中 C200~C219（共 20 点）为通用型，C220~C234（共 15 点）为断电保持型。这类计数器与 16 位增计数器除位数不同外，还在于它能通过控制实现加/减双向计数。如表 1-3 所示。

表 1-3　32 位增/减计数器与特殊辅助继电器对应表

计数器地址号	方式切换	计数器地址号	方式切换	计数器地址号	方式切换	计数器地址号	方式切换
C200	M8200	C209	M8209	C218	M8218	C227	M8227
C201	M8201	C210	M8210	C219	M8219	C228	M8228
C202	M8202	C211	M8211	C220	M8220	C229	M8229
C203	M8203	C212	M8212	C221	M8221	C230	M8230
C204	M8204	C213	M8213	C222	M8222	C231	M8231
C205	M8205	C214	M8214	C223	M8223	C232	M8232
C206	M8206	C215	M8215	C224	M8224	C233	M8233
C207	M8207	C216	M8216	C225	M8225	C234	M8234
C208	M8208	C217	M8217	C226	M8226		

C200～C234 是增计数还是减计数，分别由特殊辅助继电器 M8200～M8234 设定。对应的特殊辅助继电器被置为 ON 时为减计数，置为 OFF 时为增计数。

计数器的设定值与 16 位计数器一样，可直接用常数 K 或间接用数据寄存器 D 的内容作为设定值。在间接设定时，要用编号紧连在一起的两个数据寄存器。

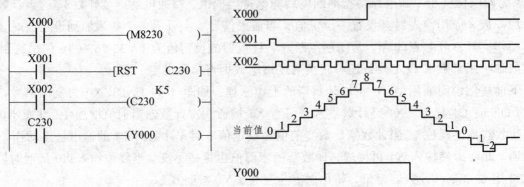

图 1-50　32 位增/减计数器的工作过程

如图 1-50 所示，X000 用来控制 M8230，X000 闭合时为减计数方式，反之，为增计数方式。X002 为计数输入，C230 的设定值为 5。设 C230 置为增计数方式（M8230 为 OFF），当 X002 计数输入累加由 4→5 时，计数器的输出触点动作，当前值大于 5 时计数器仍为 ON 状态；只有当前值由 5→4 时，计数器才变为 OFF；只要当前值小于 4，则输出则保持为 OFF 状态。复位输入 X001 接通时，计数器的当前值为 0，输出触点也随之复位。

③ 高速计数器。由于 PLC 应用程序的扫描周期一般在几十毫秒左右，普通计数器处理输入脉冲的频率在 20Hz 左右。虽然在大多数情况下这个速度已经足够，但为扩展 PLC 的应用领域，还是专门设置了一些能处理高于上述频率脉冲的计数器。

高速计数器均为 32 位加/减计数器，但适用高速计数器输入的 PLC 输入端只有 8 点（X000～X007）。如果这 8 个输入端中某一个已被某个高速计数器占用，则它就不能再用于其他高速计数器或其他用途。也就是说，由于只有 8 个高速计数输入端，最多只能用 8 个高速计数器同时工作。

高速计数器的选择并不是任意的，它取决于所需计数器的类型及高速输入端子。高速计数器的输入端如表 1-4 所示，高速计数器的类型如下：

高速计数器一般可分为四种类型：

a. 1 相无启动/复位端子高速计数器：这种类型的高速计数器共有 6 点，地址编号为 C235～C240。

b. 1 相带启动/复位端子高速计数器：此类型的高速计数器共有 5 点，地址编号为 C241～C245。

1 相无启动/复位端子高速计数器和 1 相带启动/复位高速计数器既能实现加计数，也能实现减计数，其加/减计数方式由特殊辅助继电器 M8235～M8245 设定，对应的特殊辅助继电器为 ON 时，为减计数，OFF 时为加计数。

表 1-4 高速计数器的输入端

计数器 输入	1相1计数输入											1相2计数输入					2相2计数输入				
	无启动/复位						带启动/复位														
	C235	C236	C237	C238	C239	C240	C241	C242	C243	C244	C245	C246	C247	C248	C249	C250	C251	C252	C253	C254	C255
X000	U/D						U/D			U/D		U	U		U		A	A		A	
X001		U/D					R			R		D	D		D		B	B		B	
X002			U/D					U/D			U/D		R		R			R		R	
X003				U/D				R			R			U		U			A		A
X004					U/D				U/D					D		D			B		B
X005						U/D			R					R		R			R		R
X006										S					S					S	
X007											S					S					S

注：U 表示加计数输入，D 为减计数输入，A 表示 A 相输入，B 表示 B 相输入，R 为复位输入，S 为启动输入。

另外，应注意的是，高速计数器是按中断原则运行的，如图 1-51 所示，表明了高速计数的输入。当 X012 接通时，选中高速计数器 C245，而由表 1-4 中可查出，C245 对应的计数器输入端为 X002，计数输入脉冲信号来自 X002 而不是 X012。

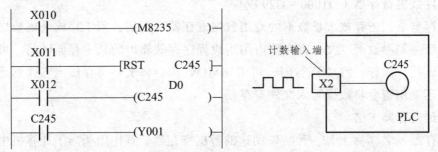

图 1-51 高速计数器输入

c. 1 相 2 计数输入高速计数器：这种类型的高速计数器共有 5 点，地址编号为 C246～C250。2 个计数输入端中，一个为加计数输入端，一个为减计数输入端。

d. 2 相（A-B 相）2 计数输入高速计数器：此类型高速计数器共有 5 点，地址编号为 C251～C255。A 相和 B 相信号决定计数器是加计数还是减计数。当 A 相输入为 ON 时，B 相输入由 OFF 变为 ON，则为加计数；A 相输入为 ON 时，B 相输入由 ON 变为 OFF，则为减计数。

7）数据寄存器

数据存储器是存储数据的元件，每个数据寄存器都是 16 位，可以将两个数据寄存器合并起来存放 32 位数据，最高位为符号位，该位为 0 时数据为正，为 1 时数据为负。FX$_{2n}$ 系列 PLC 内部的数据寄存器一览表如表 1-5 所示。

PLC在进行输入输出处理、模拟量控制、位置控制时，需要许多数据寄存器以存储数据和参数。数据寄存器为16位，最高位为符号位。32位数据可用两个数据寄存器来存储（如D1D0）。数据寄存器有：通用数据寄存器、保持数据寄存器、特殊数据寄存器、文件寄存器。

（1）通用数据寄存器。

通用数据寄存器在PLC由运行（RUN）变为停止（STOP）时，其数据全部清零。如果将特殊继电器M8033置1，则PLC由运行变为停止时，数据可以保持。

（2）保持数据寄存器。

保持数据寄存器只要不改写，原有数据就不会丢失，无论电源接通与否，PLC运行与否，都不会改变寄存器内容。

（3）特殊数据寄存器（D8000～D8255）。

特殊数据寄存器用于PLC内各种元件的运行监视。未加定义的特殊数据寄存器，用户不能使用。

例如：D8000——WDT定时器定时参数（初始值200 ms）；

D8001——CPU型号；

D8020——X0～X7输入滤波时间（初始值10 ms）；

D8030——1号模拟电位器的数值；

D8031——2号模拟电位器的数值；

D8039——恒定扫描时间（ms）。

（4）文件数据寄存器（D1000～D2999）。

文件寄存器是用于存放大量数据的专用数据寄存器。例如：用于存放采集数据、统计计算数据、多组控制参数等。文件寄存器占用用户程序存储器内的某一存储区间，可用编程器或编程软件进行写操作；PLC运行时，可用BMOV指令将文件寄存器内容读到通用数据寄存器中，但不能用指令将数据写入文件寄存器。

（5）变址寄存器V/Z。

变址寄存器V/Z实际上是一种特殊用途的数据寄存器，其作用相当于计算机中的变址寄存器，用于改变元件的编号（变址）。V、Z都是16位的数据寄存器，与其他寄存器一样读写，需要32位操作，可将V、Z串联使用（Z为低位，V为高位）。

例如：D0Z，表示若Z=10，则D0Z为D10。

表1-5　FX$_{2n}$系列PLC内部的数据寄存器一览表

类　别	编号范围	点数	说　明
通用数据寄存器	D0～D199	200	可设为电池保持
断电保持数据寄存器	D200～D511	312	可设为不保持
文件寄存器	D512～D7999	7488	有电池保持功能，但不能用软件改变
特殊数据寄存器	D8000～D8255	256	用来监控PLC的运行状态
变址寄存器	V0～V7，Z0～Z7	16	用来改变编程元件的元件号

8）指 针

指针是用来指示分支指令的跳转目标和中断程序的入口标号，包括分支用指针和中断用指针。

（1）分支用指针。

分支指针用来指示跳转指令（CJ）的跳转目标或子程序调用指令（CALL）调用子程序的入口地址。FX_{2n}系列PLC共有128点，标号范围为P0～P127。

（2）中断用指针。

中断指针用来指示某一中断程序的入口标号，执行到中断返回指令（IRET）时返回主程序。中断用指针分为输入中断用指针、定时中断用指针、计数器中断用指针三种类型。

专题 1.5 FX_{2n}系列 PLC 的编程语言与编程方法

1.5.1 FX_{2n}系列 PLC 的常用编程语言

FX_{2n}系列 PLC 提供了完整的编程语言，以适应 PLC 在工业环境中的使用。利用编程语言，按照不同的控制要求编制不同的控制程序，这相当于设计和改变继电器控制的硬接线电路，这就是所谓的"可编程序"。程序由编程器送入到 PLC 内部的存储器中，它也能方便地读出、检查与修改。

由于 PLC 是专为工业控制需要而设计的，因而对于使用者来说，编程时完全可以不考虑微处理器内部的复杂结构，不必使用各种计算机语言，而把 PLC 内部看做是由许多"软继电器"等逻辑部件组成，利用 PLC 所提供的编程语言来编制控制程序。所以 PLC 既突出了计算机可编程的优点，又使对计算机不太了解的电气技术人员也能得心应手地使用 PLC，这就是 PLC 编程语言的特点。

PLC 提供的编程语言通常有梯形图、语句表及功能图等。

1. 梯形图编程

梯形图编程又称为继电器梯形图编程，其是在继电-接触器控制系统电气原理图基础上开发出来的一种图形编程语言。它沿用继电器的触点、线圈、串并联等术语和图形符号，因此，梯形图与继电-接触器控制系统的控制电路图有许多相同或相仿的地方。

梯形图按自上而下，从左到右的顺序排列，最左边的竖线称为起始母线，也叫左母线，然后按一定的控制要求和规则连接各个触点，最后以继电器线圈结束，称为一逻辑行或叫一"梯级"，一般最右边还加上一竖线（也有不加的），这一竖线称为右母线。

通常一个梯形图中有若干逻辑行（梯级），形似梯子，如图 1-52 所示，梯形图由此而得名。梯形图比较形象直观，容易掌握，用得很多，堪称用户第一编程语言。

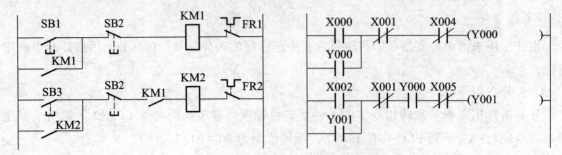

图 1-52　继电-接触器控制电路和梯形图

2. 语句表语言

语句表类似于微机中的汇编语言，用指令的助记符来表示，又称为助记符语言。语句表通过编程器按顺序逐条写入 PLC，并可直接执行。指令助记符直观易懂、编程简单，各种 PLC 几乎都有这种编程语言。例如：

```
0    LD     X000
1    OUT    Y000
2    LDI    X001
3    OUT    Y001
4    OUT    T0   K60
```

3. 顺序功能图语言

顺序功能图是近年来发展起来的一种位于其他编程语言之上的图形语言，它是用功能图来描述程序的一种程序设计语言。

顺序功能图又称为功能表图或状态转移图，它由步、有向连线、转换、转换条件和动作组成。各步有不同的动作，当步之间的转换条件满足时就实现步的自动转移，上一步结束，下一步动作开始，直至完成整个过程的控制要求。顺序功能图特别适用于复杂的顺序控制过程。如图 1-53 所示。

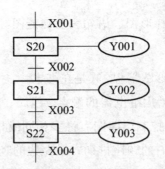

图 1-53　PLC 的顺序功能图

1.5.2　FX$_{2n}$ 系列 PLC 的编程方法

PLC 程序设计的主要任务就是根据控制要求将工艺流程图转换成梯形图，这是 PLC 应用中的关键问题，程序的编写是软件设计的具体体现。这里主要介绍程序的编写步骤和方法。

1. PLC 控制系统设计步骤

（1）分析被控对象，提出控制要求。

（2）确定输入、输出设备。

（3）确定 PLC 的 I/O 点数，选择 PLC 机型。

（4）分配 I/O 点数，绘制 PLC 控制系统输入、输出端子接线图。

（5）程序设计，绘制工作循环图或状态转移图：① 初始化程序；② 控制程序；③ 检测、故障诊断和显示等程序；④ 保护和联锁程序。

（6）程序调试。先进行模拟调试，再进行现场联机调试；先进行局部、分段调试，再进行整体、系统调试。

（7）调试过程结束，整理技术资料，投入使用。了解和掌握 PLC 控制系统的控制对象的工作过程、工艺要求掌握 PLC 控制系统的电气、液压或气动系统的组成，分析电气、液压或气动系统的控制原理。要了解各个控制指令、检测信号和控制输出信号的作用和相互关系，了解它们与 PLC 的端口连接关系。

PLC 控制系统设计步骤流程如图 1-54 所示。

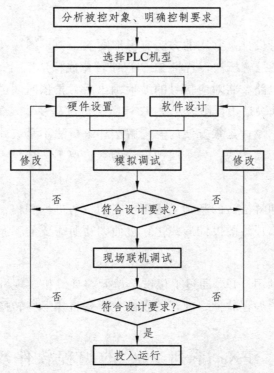

图 1-54　PLC 控制系统设计步骤流程图

2. PLC 的编程方法

在编写 PLC 程序时，可以根据自己的实际情况采用以下不同的方法。

1）经验法

在 PLC 发展的初期，沿用了设计继电器电路图的方法来设计梯形图程序，即在已有的典型梯形图的基础上，根据被控对象对控制的要求，不断地修改和完善梯形图。有时需要多次反复地调试和修改梯形图，不断地增加中间编程元件和触点，最后才能得到一个较为满意的结果。这种方法没有普遍的规律可以遵循，设计所用的时间、设计的质量与编程者的经验有很大的关系，所以有人把这种设计方法称为经验设计法。

用经验设计法设计 PLC 程序时大致可以按下面几步来进行：分析控制要求、选择控制原则；设计主令元件和检测元件，确定输入输出设备；设计执行元件的控制程序；检查修改和完善程序。

总之，经验设计法即是运用自己的或别人的经验进行设计，设计前选择与设计要求相类似的成功例子，并进行修改，增删部分功能或运用其中部分程序，直至适合所要求的情况。在工作过程中，可收集与积累这样成功的例子，从而可不断丰富自己的经验。

2）解析法

解析法利用组合逻辑或时序逻辑的理论，并运用相应的解析方法，对其进行逻辑关系的求解，然后再根据求解的结果，画成梯形图或直接写出程序。解析法比较严密，可以运用一定的标准，使程序优化，可避免编程的盲目性，是较有效的方法。

3）图解法

图解法是靠画图进行设计。常用的方法有梯形图法、波形图法及流程法。梯形图法是基本方法，无论是经验法还是解析法，若将 PLC 程序转化成梯形图后，就要用到梯形图法。波形图法适合于时间控制电路，将对应信号的波形画出后，再依时间逻辑关系去组合，就可很容易把电路设计出。流程法是用框图表示 PLC 程序执行过程及输入条件与输出关系，在使用步进指令的情况下，用它设计是很方便的。图解法和解析法不是彼此独立的，解析法中要画图，图解法中也要列解析表达式，只是两种方法的侧重点不一样。

4）技巧法

技巧法是在经验法和解析法的基础上运用一定的技巧进行编程，以提高编程质量。还可以使用流程图做工具，将巧妙的设计形式化，进而编写所需要的程序。

5）计算机辅助设计

计算机辅助设计是利用 PLC 通过上位链接单元与计算机实现链接，运用计算机进行编程。该方法需要有相应的编程软件，现有的软件主要是将梯形图转换成指令的软件。

专题 1.6　FX$_{2n}$ 系列 PLC 的编程软件及其使用

可编程序控制器（PLC）必须使用专门的编程工具将用户程序写入 PLC 的用户存储器中去，这样的编程工具称为编程器。它是 PLC 的重要外部设备之一。它一方面能对 PLC 进行程序的写入、读出和编辑等操作，另一方面还能检查程序，对 PLC 的运行情况进行监控、测试和故障诊断。

PLC 的编程器大体可分为三类：一类是体积小、重量轻的便携式编程器；第二类是价格较昂贵的带 CRT 的图形编程器；第三类是由通用计算机加编程软件进行编程。FX 系列 PLC 的编程器可分为 FX-20P-E 等简易编程器，GP-80FX-E 等图形编程器，还可以使用 MELSEC-F FX 系列、MELSOFT GX 系列（FX/A/QnA/Q 系列）等编程软件在个人 PC 上进行 PLC 的编程、监控、模拟仿真等操作，使用更为方便。三菱配套的部分触摸屏（GOT）也具有编程功能。这里主要介绍 FXGP/WIN-C、GX-Developer 编程软件及其基本使用方法。

1.6.1　FXGP/WIN-C 编程软件及其使用

MELSEC-F/FX 是三菱 FX 系列 PLC 的编程软件。安装完 MELSEC-F/ FX 之后，在 WINDOWS 条件下启动安装进入 MELSEC-F/ FX 系统，选择 FXGP-WIN-C 文件双击鼠标左键，出现如图 1-55 所示的界面方可进入编程。

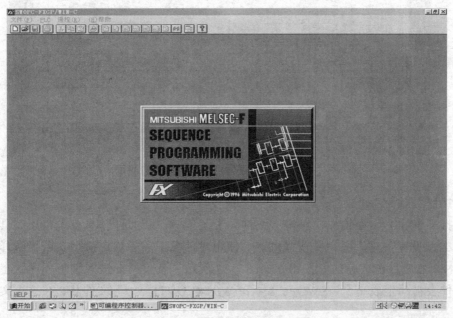

图 1-55　MELSEC-F/ FX 启动界面

1. FXGP-WIN-C 编程软件的界面

FXGP-WIN-C（以下统一用简称 FXGP）的各种操作主要靠菜单来选择，当文件处于编辑状态时，用鼠标点击想要选择的菜单项，如果该菜单项还有子菜单，鼠标下移，根据要求选择子菜单项；如果该菜单项没有下级子菜单，则该菜单项就是一个操作命令，单击即执行命令。具体介绍如图 1-56 所示，界面包含：

A：当前编程文件名，例如标题栏中的文件名 untit101。

B：菜单：文件、编辑、工具、PLC、遥控、监控/测试等。

C：快捷功能键：保存、打印、剪切、转换、元件名查、指令查、触点/线圈查、刷新等。

D：当前编程工作区：编辑用指令（梯形图）形式表示的程序。

E：当前编程方式：梯形图。

F：状态栏：梯形图。

G：快捷指令：F5 常开、F6 常闭、F7 输入元件、F8 输入指令等。

H：功能图：常开、常闭、输入元件、输入指令等。

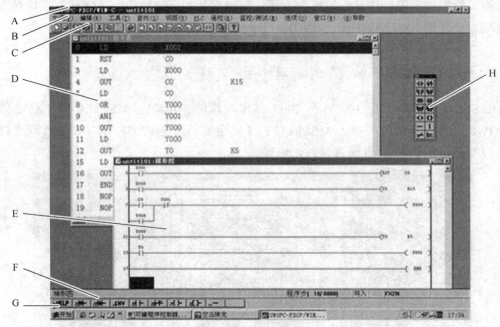

图 1-56　FXGP-WIN-C 编程软件的界面

2. 编辑新的程序

首先打开 FXGP 编程软件，点击"文件"子菜单→"新文件"或点击常用工具栏🗋，弹出"PLC 类型设置"对话框，供选择机型。使用时，根据实际确定机型，若要选择 FX2N 即选中 FX2N，然后点击"确认"按钮，如图 1-57 所示，就可马上进入编辑程序状态。注意这时编程软件会自动生成一个"SWOPC-FXGP/WIN-C-UNTIT***"文件名，在这个文件名下可编辑程序。

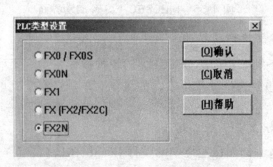

图 1-57　PLC 型号的选择

文件完成编辑后进行保存：点击"文件"子菜单→"另存为"，弹出"File Save As"对话框，在"文件名"中能见到自动生成的"SWOPC-FXGP/WIN-C-UNTIT***"文件名，这是编辑文件用的通用名，在保存文件时可以使用，但建议一般不使用此类文件名，以避免出错。而在"文件名"框中输入一个带有（保存文件类型）特征的文件名。保存文件类型特征有三个：Win Files（*.pmw）、Dos Files（*.pmc）和 All Files（*.*），如图 1-58 所示。

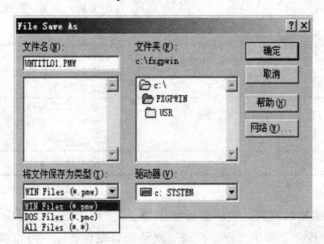

图 1-58　程序的保存

一般类型选第一种，例：可以先去掉自动生成的"文件名"，然后在"文件名"框中输入"ABC.pmw""555.pmw""交通灯.pmw"等。有了文件名，单击"确定"键，弹出"另存为"对话框，在"文件题头名"框中输入一个名字，单击"确定"键，完成文件保存。应当要注意，如果点击工具栏中"保存"按键只是在同名下保存文件。

3. PLC 程序的打开

如果是打开已经存在的文件：先点击编程软件 FXGP-WIN-C，在主菜单"文件"下选中"打开"，弹出"File Open"对话框，选择正确的驱动器、文件类型和文件名，单击"确定"键即可进入以前编辑的程序。

4. PLC 程序的编辑

当正确进入 FXGP 编程系统后，文件程序的编辑可用二种编辑状态形式：指令表编辑和梯形图编辑。

1）指令表编辑程序

"指令表"编辑状态，可以让您用指令表形式编辑一般程序。

现在以输入下面一段程序为例：

Step	Instruction	I/O
0	LD	X000
1	OUT	Y000
2	END	

指令表编辑步骤如表 1-6 所示。

表 1-6　指令表编辑步骤

操作步骤	解释
（1）点击菜单"文件"中的"新文件"或"打开"，选择"PLC 类型设置"，点击"FXON"或"FX2N"后确认，弹出"指令表"（注：如果不是指令表，可从菜单"视图"内选择"指令表"）	建立新文件，进入"指令编辑"状态，进入输入状态，光标处于指令区，步序号由系统自动填入
（2）键入"LD"[空格]（也可以键入"F5"）；键入"X000"，[回车]	输入第一条指令（快捷方式输入指令）；输入第一条指令元件号，光标自动进入第二条指令
（3）键入"OUT"[空格]（可以键入"F9"）；键入"Y000"，[回车]	输入第二条指令（快捷方式输入指令）；输入第二条指令元件号，光标自动进入第三条指令
（4）键入"END"，[回车]	输入结束指令，无元件号，光标下移

注：程序结束前必须输入结束指令（END）

"指令表"程序编辑结束后，应该进行程序检查，FXGP 能提供自检，单击"选项"下拉子菜单，选中"程序检查"弹出"程序检查"对话框，根据提示，可以检查是否有语法错误、电路错误以及双线圈检验。检查无误可以进行下一步的操作〈传送〉、〈运行〉。

2）"梯形图"编辑程序

梯形图编辑状态，可以用梯形图形式编辑程序。

现在以输入下面一段梯形图为例（见图 1-59）：

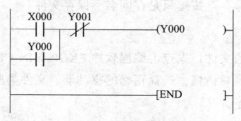

图 1-59　梯形图

建立步骤如表 1-7 所示。

表 1-7　梯形图建立步骤

操作步骤	解释
（1）点击菜单"文件"中的"新文件"或"打开"，选择"PLC 类型设置"，点击"FXON"或"FX2N"后确认，弹出"梯形图"（注：如果不是梯形图，可从菜单"视图"内选择"梯形图"）	建立新文件，进入"梯形图编辑"状态，进入输入状态，光标处于元件输入位置
（2）首先将小光标移到左边母线最上端处	确定状态元件输入位置
（3）按"F5"或点击右边的功能图中的常开，弹出"输入元件"对话框	输入一个元件"常开"触点

操作步骤	解释
（4）键入"X000"[回车]	输入元件的符号"X000"
（5）按"F6"或点击功能图中的常闭，弹出"输入元件"对话框	输入一个元件"常闭"触点
（6）键入"X001"[回车]	输入元件的符号"X001"
（7）按"F7"或点击功能图中的输出线圈	输入一个输出线圈
（8）键入"Y000"[回车]	输入线圈符号"Y000"
（9）点击功能图中带有连接线的常开，弹出"输入元件"对话框	输入一个并联的常开触点
（10）键入"Y000"[回车]	输入一个线圈的辅助常开的符号"Y000"
（11）按"F8"或点击功能图中的"功能"元件"—[ ]—"，弹出"输入元件"对话框	输入一个"功能元件"
（12）键入"END"[回车]	输入结束符号

注：程序结束前必须输入结束指令（END）

"梯形图"程序编辑结束后，应该进行程序检查，FXGP 能提供自检，单击"选项"下拉子菜单，选中"程序检查"弹出"程序检查"对话框，根据提示可以检查是否有语法错误、电路错误以及进行双线圈检验。进行下一步<转换>、<传送>、<运行>。

注意："梯形图"编辑程序必须经过"转换"成指令表格式才能被 PLC 认可运行。但有时输入的梯形图无法将其转换为指令格式。梯形图转换成指令表格式的操作用鼠标点击快捷功能键"转换"，或者点击工具栏的下拉菜单"转换"。

梯形图和指令表编程比较：梯形图编程比较简单、明了，接近电路图，所以一般 PLC 程序都用梯形图来编辑，然后转换成指令表，下载运行。

5. 设置通信口参数

在 FXGP 中将程序编辑完成后和 PLC 通信前，应设置通信口的参数。如果只是编辑程序，不和 PLC 通信，可以不做此步。设置通信口参数，分 2 个步骤：

1）PLC 串行口设置

如果 PLC 与电脑连接好了，点击菜单"PLC"的子菜单"串行口设置（D8120）[e]"，弹出如图 1-60 所示的对话框。

检查是否一致，如果不对，修正完点击"确认"返回菜单进行下一步（注：串行口设置一般已由厂方设置完成）。

2）PLC 的端口设置

点击菜单"PLC"的子菜单"端口设置[s]"，弹出如图 1-61 所示的对话框。

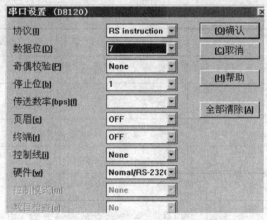
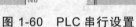
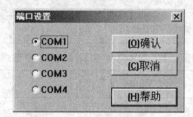

图 1-60 PLC 串行设置　　　　　　　　　　图 1-61 PLC 端口设置

根据 PLC 与 PC 连接的端口号，选择 COM1～COM4 中的一个，完成点击"确认"返回菜单。PLC 的端口设置也可以在编程前进行。

6. FXGP 与 PLC 之间的程序传送

在 FXGP 中把程序编辑好之后，要把程序下传到 PLC 中去。程序只有在 PLC 中才能运行；也可以把 PLC 中的程序上传到 FXGP 中来，在 FXGP 和 PLC 之间进行程序传送之前，应该先用电缆连接好 PC-FXGP 和 PLC。

1）把 FXGP 中的程序下传到 PLC 中去

若 FXGP 中的程序用指令表编辑即可直接传送，如果用梯形图编辑的则要求转换成**指令表**才能传送，因为三菱 PLC 只识别指令。

点击菜单"PLC"的二级子菜单"传送"→"写出"，弹出对话框，有两个选择："所有范围""范围设置"。选择"所有范围"即状态栏中显示的"程序步"（FX2N-8000、FX0N-2000）会全部写入 PLC，时间比较长（此功能可以用来刷新 PLC 的内存）。选择"范围设置"，先确定"程序步"的"起始步"和"终止步"的步长，然后把确定的步长指令写入 PLC，时间相对比较短。

若"通信错误"提示符出现，可能有两个问题要检查：第一，在状态检查中看"PLC 类型"是否正确，例如，运行机型是 FX2N，但设置的是 FXON，就要更改成 FX2N；第二，PLC 的"端口设置"是否正确即 COM 口。排除了两个问题后，重新"写入"直到"核对"完成表示程序已输送到 PLC 中。

2）把 PLC 中的程序上传到 FXGP 中

若要把 PLC 中的程序读回 FXGP，首先要设置好通信端口，点击"PLC"子菜单"读入"弹出"PLC 类型设置"对话框，选择 PLC 类型，点击"确认"读入开始。结束后状态栏中显示程序步数。这时在 FXGP 中可以阅读 PLC 中的运行程序。

注意：FXGP 和 PLC 之间的程序传送，有可能原程序会被当前程序覆盖，假如不想覆盖原有程序，应该注意文件名的设置。

7. 程序的运行与调试

1）程序运行

当程序写入 PLC 后就可以在 PLC 中运行了。先将 PLC 处于 RUN 状态（可用手拨 PLC 的 "RUN/STOP" 开关到 "RUN" 档，也可用遥控使 PLC 处于 "RUN" 状态，这只适合 FX2N 型），再通过实验系统的输入开关给 PLC 输入给定信号，观察 PLC 输出指示灯，验证是否符合编辑程序的电路逻辑关系，如果有问题还可以通过 FXGP 提供的调试工具来确定问题，解决问题。

2）程序调试

当程序写入 PLC 后，按照设计要求可用 FXGP 来调试 PLC 程序。如果有问题，可以通过 FXGP 提供的调试工具来确定问题所在。调试工具："监控/测试"，下面举例（见图 1-62）说明：

"监控/测试"包括"开始监控"和"元件监控"。开始监控是指在 PLC 运行时通过梯形图程序显示各位元件的动作情况，如图 1-62 所示。当 X000 闭合、Y000 线圈动作、T0 计时到、Y001 线圈动作出现，此时可观察到动作的每个元件位置上出现绿色光标，表示元件改变了状态。利用"开始监控"可以实时观察程序运行。

当指定元件进入监控（在"进入元件监控"对话框中输入元件号），就可以非常清楚元件改变状态的过程，例如 T0 定时器，当前值增加到和所设置的一致，状态发生变化。这过程在对话框中能清楚看到，如图 1-63 所示。

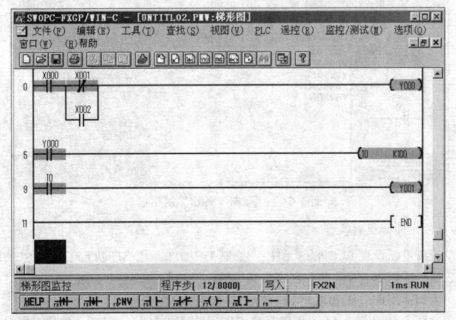

图 1-62　PLC 的开始监控

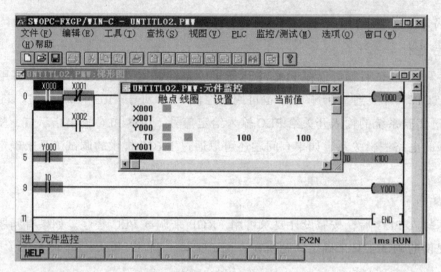

图 1-63　PLC 的元件监控

3）强制 Y 输出

如果在程序运行中需要强制某个输出端口（Y）输出 ON 或 OFF，可以在"强制 Y 输出"的对话框中输入所要强制的"Y"元件号，选择"ON"或"OFF"状态"确认"后，元件保持"强制状态"一个扫描周期强制 PLC 输出端口（Y）输出 ON/OFF，如图 1-64 所示。

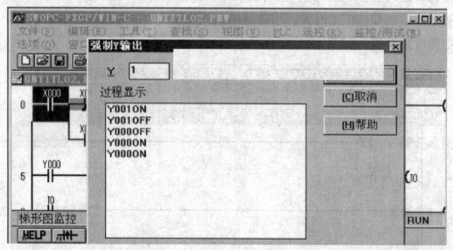

图 1-64　"强制 Y 输出"对话框

4）其他软元件的强制执行

强行设置或重新设置 PLC 的位元件："强制 ON/OFF"相当于执行了一次 SET/RST 指令或是一次数据传递指令。对那些在程序中其线圈已经被驱动的元素，如 Y0，强制"ON/OFF"状态只有一个扫描周期，从 PLC 的指示灯上并不能看到效果。

下面通过图 1-65 和图 1-66 说明"强制 ON/OFF"的功能，选 T0 元件作强制对象，在图 1-65 中，可看到在没有选择任何状态（设置/重新设置）条件下，只有当 T0 的"当前值"与"设置"的值一致时 T0 触点才能工作。

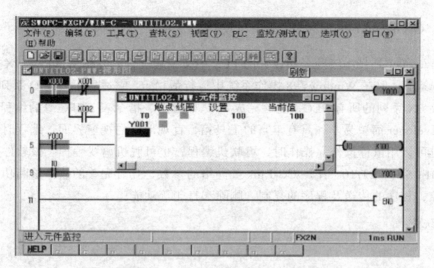

图 1-65 "强制 ON/OFF" 对话框

如果选择 "ON/OFF" 的设置状态，在图 1-66 中当程序开始运行，T0 计时开始，这时只要确认 "设置"，计时立刻停止，触点工作（程序中的 T0 状态被强制改变）。

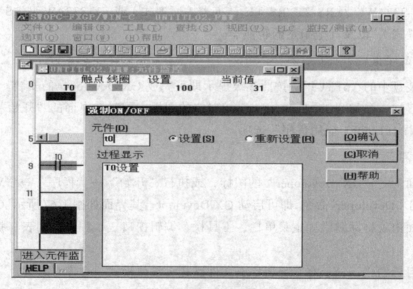

图 1-66 "强制 ON/OFF" 对话框

如果选择 "ON/OFF" 的重新设置状态，当程序开始运行，T0 计时开始，这时只要确认 "重新设置"，当前值立刻被刷新，T0 恢复起始状态。T0 计时重新开始。

调试还可以调用 PLC 诊断，简单观察诊断结果。调试结束，关闭 "监控/测试"，程序进入运行。应该注意的是，"开始监控" "进入元件监控" 是可以进行实时监控元件的动作情况。

8. 退出系统

完成程序调试后退出系统前应该先核定程序文件名后将其存盘，然后关闭 FXGP 所有应用子菜单显示图，退出系统。

1.6.2 GX-Developer 编程软件及其使用方法

GX Developer 是日本三菱公司设计的 PLC 中文编程软件，可在 Windows 9X 及以上版本操作系统中运行，但在 Windows 98 操作系统中运行最稳定。它适用于三菱 Q 系列、Qn 系列、A 系列以及 FX 系列的所有 PLC，能够完成 PLC 梯形图、指令表、SFC 等的编程。

GX Developer 简单易学，具有丰富的工具箱，直观形象的视窗界面。编程时，既可用键盘操作，也可以用鼠标操作。操作时，可联机编程，也可脱机离线编程。该软件可直接设定以太网、MELSECNET/10（H）、CC-Link 等网络的参数，具有完善的故障诊断功能，能方便地实现监控，程序的传送及程序的复制、删除和打印等功能。

1. 系统配置

1）计算机

要求机型：IBM PC/AT（兼容）；CPU：486 以上；内存：大于等于 8 MB，最好是 16 MB 以上；显示器：分辨率为 800×600 点，16 色或更高。

2）接口单元

采用 FX-232AWC 型 RS-232/RS-422 转换器（便携式）或 FX-232AW 型 RS-232C/RS-422 转换器（内置式），以及其他指定的转换器。

2. 软件的安装

运行安装盘中的"SETUP"，按照逐级提示即可完成 GX Developer 的安装。安装完成后，将在桌面上建立一个和"GX Developer"相对应的图标，同时在桌面的"开始"→"程序"中建立一个"MELSOFT 应用程序"选项。

3. 软件界面

双击桌面上的"GX Developer"的图标，或执行"开始"→"程序"→"MELSOFT 应用程序"→"GX Developer"命令，即可启动 GX Developer，其界面如图 1-67 所示。GX Developer 软件操作界面由项目标题栏、主菜单栏、工具栏、编辑窗口、工程参数列表、状态栏等部分组成。

（1）项目标题栏。显示有工程名称、文件路径、编辑模式、程序步数等。

（2）主菜单栏。包含工程、编辑、查找/替换、变换、显示、在线、诊断、工具、窗口和帮助，共 10 个菜单。许多基本相同的菜单项的使用方法和 FXGP/WIN-C 编辑软件的同名菜单项使用方法基本相同，这里就不再赘述。常用的菜单项都有相应的快捷按钮，GX Developer 的快捷键直接显示在相应菜单项的右边。

（3）工具栏。分为主工具栏、图形编辑工具栏、视图工具栏等，它们在工具栏中的位置可以通过鼠标拖动改变。主工具栏提供创建新工程、打开和保存工程，以及剪切、复制、粘贴等功能；图形工具栏只在图形编程时才可见，提供各类触点、线圈、连接线等编程图形；视图工具栏可实现屏幕显示切换，以及屏幕放大/缩小、打印预览等功能。除此之外，工具栏还提供有程序的读/写、监视、查找和检查等快捷执行按钮。

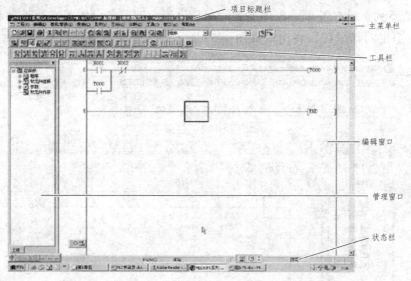

图 1-67　GX Developer 编程软件的窗口

（4）编辑窗口。用于完成程序的输入、编辑、修改、监控等的区域。

（5）管理窗口。管理窗口实现项目的管理、修改等功能。

（6）状态栏。显示当前的状态，如显示鼠标所指按钮的功能、显示 PLC 的型号等。

4. 系统退出

若要退出系统，则执行"工程"→"GX Developer 关闭"命令，或者执行"工程"→"关闭工程"命令，或者直接按界面右上角的关闭按钮，即可退出 GX Developer 系统。

5. 工程的创建与调试

1）创建新工程

启动 GX Developer，进入图 1-67 所示界面。选择"工程"→"创建新工程"菜单项，或者按 Ctrl+N 键。在弹出的如图 1-68 所示的"创建新工程"对话框中，可进行相应项的选择。

图 1-68　创建新工程对话框

对 PLC 的系列、PLC 类型、程序类型、标号设置、工程名设置等进行选项和设置后，点击确定按钮，退出对话框后，将出现如图 1-69 所示的程序编辑窗口，可以开始编程。

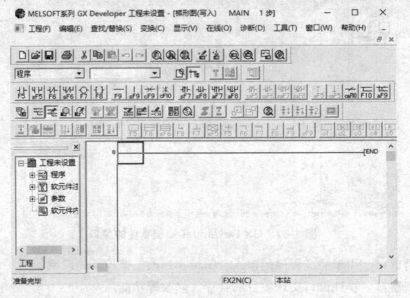

图 1-69　程序编辑窗口

另外，在创建新工程时应注意以下几点：

（1）若创建多个程序或启动了多个 GX Developer，造成计算机资源不够用而导致画面不能正常显示时，应重新启动 GX Developer，或关闭其他的应用程序。

（2）保存工程时，若仅指定了工程名而未指定驱动器/路径（空白），则 GX Developer 将新建工程自动保存在默认的驱动器/路径下。

2）打开工程

打开一个已有工程的操作方法是：选择"工程"→"打开工程"，或者按 Ctrl+O 键，或者单击 ☞ 按钮，在弹出的打开工程对话框中选择已有工程，如交通信号灯控制，单击"打开"，如图 1-70 所示。若单击"取消"，则重新选择已有的工程。

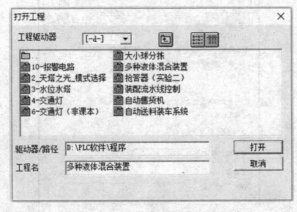

图 1-70　打开工程对话框

3）关闭工程

将一个已处于打开状态的 PLC 程序关闭的操作方法是：选择"工程"→"关闭工程"，弹出关闭工程对话框，选择"是"即可关闭工程。当未设定工程名或正在编辑时选择"关闭工程"，将会出现一个询问保存对话框，如果要保存当前工程，选择"是"按钮，否则单击"否"按钮。如果需要继续编辑工程，则单击"取消"按钮。

4）保存工程

选择"保存工程"命令，将保存当前 PLC 程序、注释数据以及其他在同一文件名下的数据。操作方法是：选择"工程"→"保存工程"，或者按 Ctrl+S 键，或者单击 按钮，弹出"另存工程为"对话框，如图 1-71 所示。选择所存工程驱动器/路径和输入工程名，单击"保存"，出现"新建工程"确认对话框，单击"是"，保存新建工程。

5）删除工程

选择"删除工程"命令，将可删除已保存在计算机中的不需要的工程文件，操作方法是：选择"工程"→"删除工程"命令，选择所要删除的工程，单击"删除"按钮。

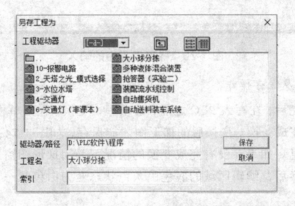

图 1-71　保存工程对话框

6. 编程操作

1）梯形图的输入步骤

（1）新建一个工程，在菜单栏中选择"编辑"→"写入模式"，或单击 按钮，或按 F2 键，使其为写入模式。然后单击 按钮，选择梯形图显示，即程序在编辑区中以梯形图的形式显示。

（2）双击当前编辑区的蓝色方框，或直接按 Enter 键，将会显示如图 1-72 所示的"梯形图输入"窗口。

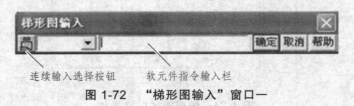

连续输入选择按钮　　软元件指令输入栏
图 1-72　"梯形图输入"窗口一

（3）例如在"软元件指令输入栏"输入"LD X0"指令（LD 与 X0 之间需空格），然后单击"确定"或按 Enter 键，则 X0 的常开触点就在编辑区域中显示出来，如图 1-73 所示。

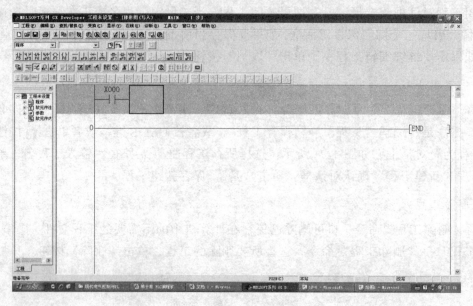

图 1-73 梯形图程序的输入

2）梯形图的变换及保存操作

梯形图程序编制完后，在写入 PLC 之前，必须进行变换，在菜单栏中选择"变换"→"变换"，或直接按 F4 键完成变换。变换后的梯形图才能保存，如图 1-74 所示。在变换过程中将显示梯形图变换的信息。如果在没有完成变换的情况下关闭梯形图窗口，则新创建的梯形图将不被保存。完成变换后，编辑区域的底色由灰色状态变为白色状态，如图 1-75 所示。

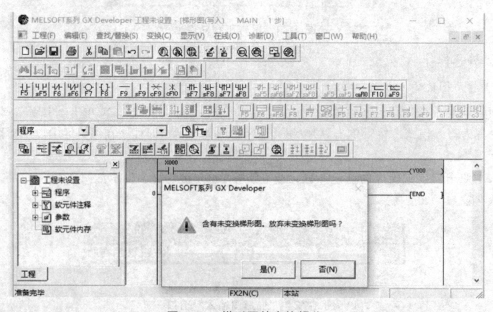

图 1-74 梯形图的变换操作

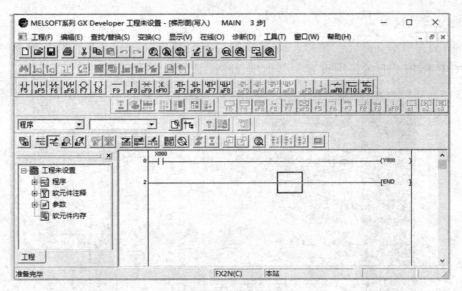

图 1-75　变换后的梯形图

3）指令方式编制程序

指令方式编制程序即直接输入指令的编程方式，并以指令的形式显示（见图 1-76）。输入指令的操作与上述介绍的用键盘输入指令的方法完全相同，只是显示不同，且指令表程序不需要变换。并可在梯形图显示与指令表显示之间切换（Alt+F1 键）。

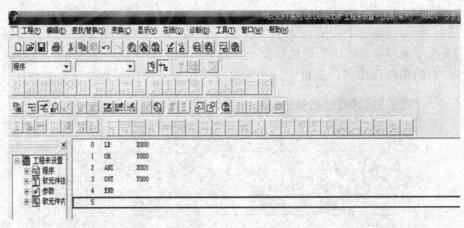

图 1-76　指令的方式编制程序的画面

7. 程序的传输

要将在计算机上用 GX 编好的程序写入到 PLC 中的 CPU，或将 PLC 中 CPU 的程序读到计算机中，一般需要以下几步：

1）PLC 与计算机的连接

正确连接计算机（已安装好了 GX 编程软件）和 PLC 的编程电缆（专用电缆），特别是 PLC 接口方向不要弄错，否则容易造成损坏。

2）进行通信设置

程序编制完成后，单击"在线"菜单中的"传输设置"后，出现如图1-77所示的窗口，设置好PC/F和PLC/F的各项设置，其他项保持默认，单击"确定"按钮。

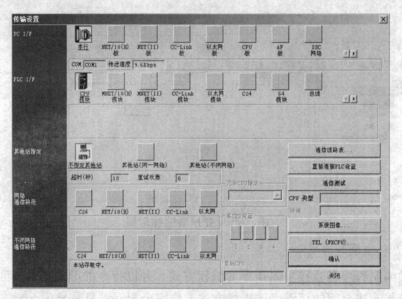

图 1-77　通信设置画面

3）程序写入、读出

若要将计算机中编制好的程序写入到PLC，单击"在线"菜单中的"写入PLC"，则出现如图1-78所示窗口，根据出现的对话窗进行操作。选中主程序，再单击"开始执行"即可。若要将PLC中的程序读出到计算机中，其操作与程序写入操作相似。

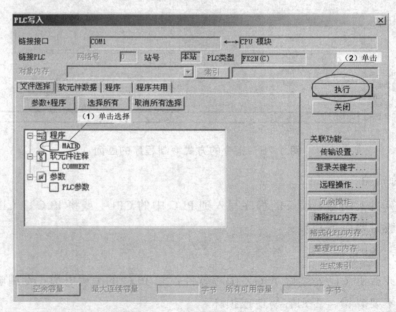

图 1-78　程序写入画面

8. 编辑操作

1）程序的删除、插入

删除、插入操作可以是一个图形符号，或者是一行，或者是一列，但 END 指令不能被删除。具体的操作有以下几种方法：

（1）将光标移到要删除、插入的图形处，单击鼠标右键，在快捷菜单中选择需要的操作，如行删除、行插入等。

（2）将光标移到要删除、插入的图形处，在菜单栏中选择"编辑"→"需要执行的命令"。

（3）将光标移到要删除的图形处，然后按键盘上的"Delete"键，即可删除被指定图形。

（4）如果要删除的是一段程序，则可通过鼠标选中这段程序，然后按键盘上的"Delete"键，或执行"编辑"菜单中的"行删除"或"列删除"命令。

（5）按键盘上的"Insert"键，使屏幕右下角显示"插入"，然后将光标移到要插入的图形处，输入要插入的指令即可。

2）程序的修改

如果梯形图在编制完成进行检查时发现有错误，可进行修改操作：首先按下键盘上的"Insert"键，使屏幕右下角显示"改写"，然后将光标移到要修改的图形处，最后输入要修改的指令即可。

3）删除、绘制连线

如果要将图竖线删除掉，要再添加一条竖线，操作方法如下：

（1）将光标移到要删除的竖线右上侧，单击 按钮，会显示如图 1-79 所示的"竖线删除"窗口。然后直接单击"确定"或按 Enter 键，将可删除所选竖线。

图 1-79 "竖线删除"窗口

（2）将光标移到要添加竖线的地方，单击 按钮，将弹出如图 1-80 所示的"竖线输入"对话框。再单击"确定"或按 Enter 键，即添加了一条竖线。

图 1-80 "竖线输入"窗口

4）复制、粘贴

拖动鼠标选中需要复制的区域，在菜单栏中选择"编辑"→"复制"或单击鼠标右键执行复制命令或单击 按钮，再将光标移到要粘贴的区域，执行粘贴命令即可。

5）打 印

对已编制好的程序进行打印，可按以下步骤进行。

（1）在菜单栏中选择"工程"→"打印机设置"，根据对话框选择打印机。

（2）在菜单栏中选择"工程"→"打印"。

（3）在弹出的选项卡中选择打印"梯形图"或"列表"。

（4）选择要打印的内容，如主程序、软元件注释、声明/注解等。

（5）设置好以后，先进行打印预览，如果符合打印要求，则执行"打印"命令。

9. 程序调试及运行

程序的检查。单击"诊断"菜单下的"PLC 诊断"命令，弹出如图 1-81 所示的"PLC 诊断"对话框，进行程序检查。

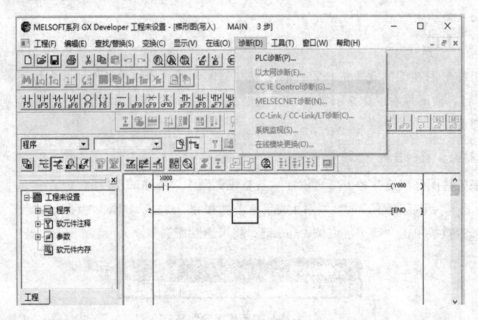

图 1-81　"PLC 诊断"

程序调试运行过程中出现的错误有两种。

（1）一般错误：运行的结果与设计的要求不一致，需要修改程序先单击"在线"菜单下的"远程操作"命令，将 PLC 设为 STOP 模式，再单击"编辑"菜单下的"写模式"命令，再输入正确的程序重新开始"程序的读取"执行，直到程序正确。

（2）致命错误：PLC 停止运行，PLC 上的 ERROR 指示灯亮，需要修改程序先单击"在线"菜单下的"清除 PLC 内存"命令，将 PLC 内的错误程序全部清除后，再输入正确的程序重新开始"程序的读取"执行，直到程序正确。

模块 2　电气控制基本控制电路

项目 2.1　自动加工工件控制系统

2.1.1　项目目标

【知识目标】

熟悉常用低压电器的结构、工作原理、类型、使用方法及用途；熟悉常用低压电器的结构示意图及符号；熟悉电动机典型控制线路的组成与工作原理；熟悉电动机的自动控制原则及其保护措施。

【技能目标】

能够识读三相异步电动机的单向点动控制、连续控制、正反转运行控制、自动往返循环控制电路的电气原理图和电气安装接线图，正确分析其控制电路的工作原理，并可以完成控制电路的安装与检修。

2.1.2　项目任务

现实生活中，很多生产机械的运行过程都包含有可逆行程、自动循环、快速停车环节。可逆运行是由其拖动电动机的正反向运转实现的。由电机原理可知，对调电动机定子绕组的三相电源的任意两相相序，从而改变电动机定子绕组的电源相序，电动机的转动方向就可以改变。随着科学技术的不断发展，工农业控制的领域，自动控制方式已经逐步取代手动控制的方式，自动循环是最基本的自动控制环节，通常依靠行程开关（也称作限位开关或位置开关）来实现。许多生产机械，如万能铣床、搬运机械及起重机械等都要求能准确定位或快速停车。这就需要电动机对其进行制动，使其能够快速地停下来。电气制动的主要方式为反接制动、能耗制动和电容制动等。其实质是使得电动机产生一个与转子原来的转动方向相反的制动转矩。

本项目的控制过程示意图如图 2-1 所示。具体控制要求为：① 刀架由 1 移到 2 进行钻削加工后，自动退回 1；② 钻头到达位置 2 时不再进给，但钻头继续旋转，进行无进给切削以提高工件加工精度实现 1，2 之间自动位置循环；③ 停车时，要求快速以减少辅助工时。

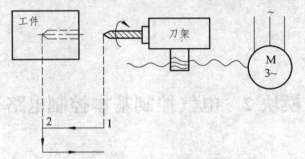

图 2-1 自动加工工件控制系统示意图

本次项目任务中的刀架由三相鼠笼式异步电动机拖动。在高中我们学习了直流电动机，但在实际的工业生产中，大部分是以交流电动机作为主要机械拖动元件，只有少部分还依赖于直流电动机的拖动。三相鼠笼式异步电动机具有结构简单、价格便宜、坚固耐用、维修方便等一系列优点，在生产实际中获得了广泛的应用，在电力拖动设备中的占有量为 85% 左右。其控制电路一般由接触器、继电器、按钮等电器组成。由于本次项目任务比较复杂，为了更加清晰的分析项目，我们先对该项目所涉及的三相鼠笼式异步电动机基本控制任务进行介绍。

2.1.3 项目任务分解

任务 1 电动机的单向启停控制电路

1. 刀开关直接启动

对于 10 kW 以下的小容量电动机，可直接加额定电压使其启动运转，这种控制方式称为直接（全压）启动控制。电动机的启停可以用刀开关来实现，如图 2-2 所示。刀开关 QS 合上，电路中三相交流电源接通，有电流流过电动机，电机开始单向运转；刀开关 QS 断开，电路中三相交流电源断开，没有电流流过电动机，电机停止运转。

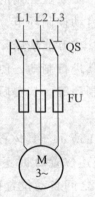

图 2-2 刀开关控制电机电路

刀开关电路控制比较简单，经济适用，但是由于刀开关控制一般是手动控制电路，仅适用于不频繁启动的 10 kW 以下的小容量电动机。

2. 电动机点动控制

在工业生产中，可以通过一个按钮实现对电动机的启停控制，即按下按钮，电动机启动运转；松开按钮，电动机停止运转。点动控制多用于调整机床，对刀操作等场合。

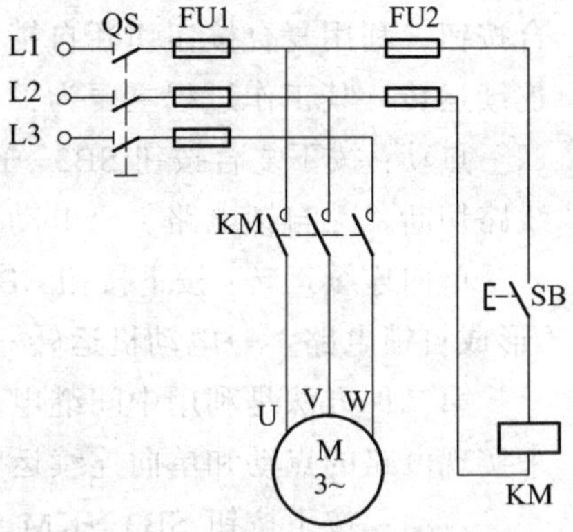

"一按（点）就动，一松（放）就停"的电路称为点动控制电路，如图 2-3 所示。因短时工作，电路中不设热继电器。启动环节：合上 QS→按下 SB→KM 线圈吸合→KM 主触点闭合→电动机 M 运转；停止环节：松开 SB→KM 线圈断电→KM 主触点断开→电动机 M 停止。

图 2-3　点动控制电气原理图

3. 电动机单向连续运转控制电路

如图 2-4 所示是电动机启动后能够单向连续运转的电气原理图，它与点动控制电路的主要区别是在启动按钮松开时，能够依靠接触器自身辅助触点而使其线圈保持通电。起自锁作用的辅助触点，则称为自锁触点。由于是电动机的长时间连续运行，所以电机前添加了热继电器对其进行了过载保护，点动控制电路的停止环节只要松开启动按钮 SB 就可以了，但是对于有自锁环节的控制电路来说，必须增加专门的停止环节，因此在控制电路中又多串联了一个停止按钮"SB1"。

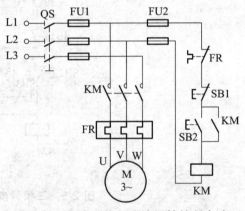

图 2-4　电动机单向连续运转控制电路

其主要的工作过程为：

启动环节：合上 QS→按下 SB2→KM 线圈吸合→KM 主触点闭合→电动机运转 KM 辅助常开触点闭合→自锁；停止环节：按下 SB1→KM 线圈断电→主触点、辅助触点断开→电动机停止。

保护环节：① 熔断器 FU1 对主电路，FU2 对控制电路的短路保护；② 热继电器的过载保护；③ 欠压和失压保护。当电源电压低到一定程度或失电时，KM 就会释放，其主触点断开，电动机停转；当电源恢复时，由于控制电路失去自锁，电动机不会自行启动。这种防止电动机在低压下运行和停电后恢复供电时电动机自启动的保护措施，称为欠压和失压保护。欠压保护可以避免电机在低压下运行而损坏，失压保护可防止电动机自启动运行可能造成的安全事故。

4. 三相异步电动机点动、连续运转控制电路

有的生产机械设备，要求电动机既能实现连续运转又能实现点动控制时，其控制过程的主电路同图 2-4，控制电路一般有两种方法，第一种方法是在图 2-4 自锁环节的基础上并联复合按钮，利用复合按钮切断自锁电路实现点动（见图 2-5（a）），复合按钮不工作时实现单向连续运转。其工作过程主要为：

点动：按下复合按钮 SB3→KM 线圈吸合→KM 主触点闭合，KM 辅助常开触点闭合（但线路切断，无自锁电路）→电动机运转→松开复合按钮 SB3→电动机停止。

单向连续运转：按下按钮 SB2→KM 线圈吸合→KM 主触点闭合，KM 辅助常开触点闭合（形成自锁电路）→电动机运转→松开按钮 SB2→电动机依靠自锁电路仍然单向连续运转。

第二种方法是利用中间继电器的转换，将中间继电器的自锁转换为接触器的自锁，从而来实现电路的点动和单向连续运转控制，如图 2-5（b）所示。其工作过程主要为：

点动：按下按钮 SB3→KM 线圈吸合→KM 主触点闭合→电动机运转→松开按钮 SB3→电动机停止。

单向连续运转：按下按钮 SB2→KA 线圈吸合→KA 主触点闭合→电动机运转→松开按钮 SB2→有 KA 自锁触点，电动机继续单向运转不停止。

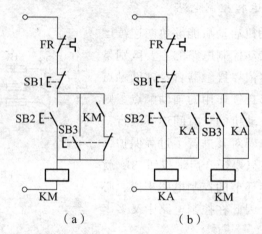

图 2-5 三相异步电动机的点动、连续控制电路

任务 2 三相异步电动机的正反转控制电路

许多生产机械都有可逆运行的要求，这就需要改变电动机的旋转方向，由电动机的正反转来实现生产机械的可逆运行是很方便的。要改变三相异步电动机的转向，只需将电源接到电动机的三根线中的任意两相对调，改变电动机的定子电源相序即可，这一过程就必须使用两个接触器来实现。

如图 2-6（b）所示，接触器 KM1 和接触器 KM2 是不能同时闭合的，否则，两相电源供电电路被同时闭合的 KM1 与 KM2 的主触点短路，这是不能允许的。所以，我们只能分别按下启动按钮 SB2 和 SB3，让 KM1 和 KM2 独立工作。当按下启动按钮 SB2，KM1 工作时，KM1 主触点闭合，KM1 常开触点闭合形成自锁，流入电动机定子绕组的三相电源的相序为

U-V-W，电动机正转；要使得电动机反转，必须先按停止按钮 SB1，使得电动机停下来，然后再按下启动按钮 SB3，接触器 KM2 工作，KM2 主触点闭合，KM2 常开触点闭合形成自锁，流入电动机定子绕组的三相电源的相序为 W-V-U，从 KM1 到 KM2，电动机的三相电源相序改变，电动机的转动方向改变。

如图 2-6（c）所示，把复合按钮的常闭触头相互串联在对方的控制电路中，使得电路在接通 KM1 线圈电路的同时断开 KM2 线圈电路。利用复合按钮的常闭触头形成的这种相互制约关系称为"机械互锁"。理想状态下电路的工作过程为：按下复合按钮 SB2，其常闭触点接通接触器 KM1 线圈电路开始工作，同时其常闭触点断开 KM2 线圈电路，要使电动机从正转直接过渡到反转，按下复合按钮 SB3 即可。

但是依靠"机械互锁"是不可靠的，在实际的工作过程中可能出现这样的情况：复合按钮由于动作机构失灵，在常开触头闭合的同时常闭触头并没有断开，那么就可能出现接触器 KM2 和 KM3 同时工作的情况；由于强烈的电弧作用使得接触器的主触点被"烧焊"在一起，或者由于接触器的动作机构失灵，使得衔铁被卡住总是与静铁芯在吸合状态，那么就有可能出现其主触点不能断开的现象，这时如果另外一个接触器通电工作，根据接触器的工作原理其主触点闭合，这时就会造成主电路两相电源供电电路被同时接通的两个接触器的主触点短路，这是不允许的。

把接触器的常闭触点相互串联在对方的控制回路中，就使两者之间产生了制约关系。接触器通过常闭触点形成的这种互相制约关系称为电气互锁[见图 2-6（a）]。采用接触器的常闭触点进行互锁，由于接触器的触点系统是一个联动的装置，不论出现什么样的状况，只要接触器的主触点闭合，那么串联在另一个接触器线圈电路中的互锁常闭触点肯定是断开状态，另外一个接触器线圈电路无论怎样是不可能得电工作的，所以像图 2-6（c）可能出现的主电路由于两个接触器主触点同时闭合而短路的情况是不可能发生的，这样就能避免事故的发生。控制电路 2-6（a）中，正转和反转切换的过程中间仍然要经过停止，显然操作不方便。控制电路 2-6（d）利用复合按钮 SB2、SB3 可直接实现由正转切换成反转，反之亦然。

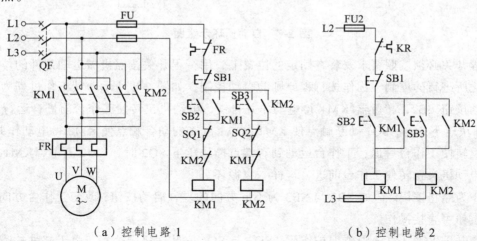

（a）控制电路 1　　　　　　　　　　（b）控制电路 2

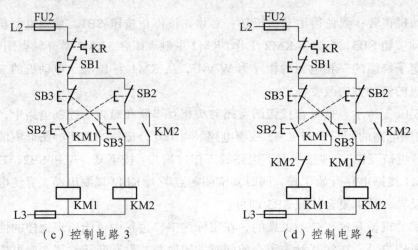

（c）控制电路 3　　　　　　　（d）控制电路 4

图 2-6　三相异步电动机的正反转控制电气原理

任务 3　三相异步电动机的自动循环控制电路

许多生产机械不光要求有可逆的行程，还要求其到达一定的位置后能够自动返回（见图 2-7）。位置的控制一般用行程开关（即位置开关），自动循环的实质也就是在正反装控制的基础上，利用行程开关来自动实现电动机在指定的行程端点（见图 2-7 的 A 点和 B 点）进行正转和反转的切换，或者反转和正转的切换。现实生产中，组合机床、龙门刨床、铣床的工作台常常会使用这种电路来实现自动往返循环。

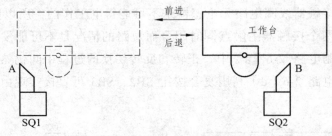

图 2-7　自动循环示意图

行程开关必须按照要求安装在固定的位置上，用行程开关按照机械运动部件的位置或位置的变化所进行的控制，称作按行程原则的自动控制，如图 2-8 所示。其工作过程为：按下正向启动按钮 SB2，接触器 KM1 得电动作并自锁，电动机正转使工作台前进；运行到 SQ1 位置，撞块压下 SQ1，SQ1 动断触点使 KM1 断电，SQ1 的动合触点使 KM2 得电动作并自锁，电动机反转使工作台后退；工作台运动到右端点撞块压下 SQ2 时，KM2 断电，KM1 又得电动作，电动机又正转使工作台前进，这样一直循环。

SB1 为停止按钮。假如 SB2 与 SB3 为不同方向的复合启动按钮，改变工作台方向时，不按停止按钮可直接操作。

行程开关 SQ3、SQ4 限位保护作用：SQ3 与 SQ4 安装在极限位置，由于某种故障，工作台到达 SQ1（或 SQ2）位置，未能切断 KM1（或 KM2），工作台将继续移动到极限位置，压下 SQ3（或 SQ4），此时最终把控制回路断开，使电动机停止，避免工作台由于越出允许位置所导致的事故。

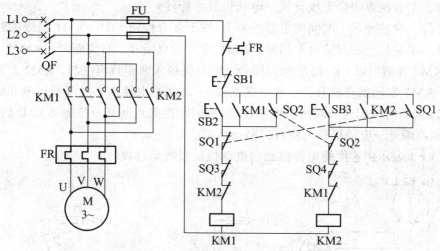

图 2-8　自动循环控制的电气原理图

任务 4　电动机的制动控制电路

很多生产机械设备，如万能铣床、卧式镗床、起重设备和搬运机械等，在工作的过程中都有准确定位和快速停车的要求，但由于惯性的作用，三相笼型异步电动机从电源的切除到完全停止旋转，需要经过一段时间，这就要求对电动机进行制动控制。

制动的方法一般有机械制动和电气制动，机械制动是指利用机械装置使三相笼型异步电动机断开电源后迅速停转的方法叫机械制动。机械制动常用的方法有电磁抱闸制动器制动和电磁离合器制动。电气制动主要有反接制动，能耗制动，以下分别作简单的介绍。

1. 能耗制动控制电路

这种制动方法的实质是在三相笼型异步电动机被按下停止按钮断开三相电源的同时，立即给任意两相定子绕组接通直流电源，产生静止磁场与转子感应电流进行相互作用而产生电磁制动力矩进行制动。这一过程也是个能量的转换过程，把电动机转子原来储存的机械能转变为电能，在制动的过程中这些电能又被消耗在转子电路的电阻上，在转速为零时再将直流电源切除。能耗制动分为时间原则方式和速度原则方式。

1）单向运行能耗制动控制电路

如图 2-9 所示为单向运行能耗制动控制电路。其制动用的直流电源是由 TR 整流变压器和 VC 桥式整流电路提供，KM1 为单向运行接触器，KM2 为制动用接触器，R 为能耗制动用电阻。

主电路相同，但实现控制的策略却有很多种。先分析图 2-9（b）（时间继电器）中的电气控制过程：

第一阶段：电动机正常单向运行，合上 QF→按下启动按钮 SB2→KM1 线圈得电→KM1 主触点闭合，常开触点闭合形成自锁→电动机开始旋转。

第二阶段：快速停车（时间继电器控制），按下复合按钮 SB1→KM1 的线圈断电（KM1 主触点断开，电动机三相交流电源切断；KM1 常开触点断开，自锁断开；KM1 常闭触点复位闭合），KM2 线圈得电（KM2 主触点闭合，电动机接入两相直流电源；KM2 常开触点闭合形成自锁；KM2 常闭触点断开，形成电气互锁），时间继电器 KT 的线圈得电开始延时→时间继电器 KT 的延时时间到→时间继电器 KT 的延时动断触点断开→接触器 KM2 的线圈断电、KM2 的主触点断开→电动机断电停转，制动结束。

图 2-9（c）表示由速度继电器控制的电动机反接制动过程：

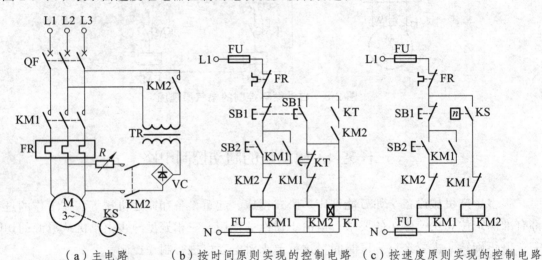

（a）主电路　　　（b）按时间原则实现的控制电路　（c）按速度原则实现的控制电路

图 2-9　三相笼型异步电动机能耗制动控制电路

第一阶段：电动机正常单向运行，合上 QF→按下启动按钮 SB2→KM1 线圈得电吸合并自锁：KM1 主触点闭合→电动机开始旋转，转动速度逐渐加快→当电动机转速升高到大于 120 r/min，速度继电器 KS 的常开触点闭合，为能耗制动做好准备。

第二阶段：快速停车，按下停止按钮 SB1→KM1 的线圈断电：KM1 主触点断开，电动机三相交流电源切断；KM1 常开触点断开，自锁断开；KM1 常闭触点复位闭合→由于速度继电器 KS 常开触点闭合，KM2 线圈得电（KM2 主触点闭合，电动机接入两相直流电源；KM2 常开触点闭合形成自锁；KM2 常闭触点断开，形成电气互锁）→电动机进入制动环节，转动速度快速下降，当转动速度下降至小于 100 r/min，速度继电器 KS 常开触点断开→接触器 KM2 线圈断电、KM2 的主触点断开→电动机断电停转，制动结束。

2）可逆运行能耗制动控制电路

电动机的能耗制动可逆运行可按照时间原则进行控制，也可用速度原则进行控制。本书中给出以速度原则进行控制的实例分析。

如图 2-10 所示采用的是用速度继电器控制的可逆运行的能耗制动控制电路。图中，电动机的可逆行程由正接触器 KM1、反接触器 KM2 通过改变流入电动机定子绕组三相电源电流相序来实现，KM3 为能耗制动用接触器，KS 为速度继电器，KS1 为正转用动作的常开触点，KS2 为反转作用的常开触点，滑动变阻器 R 起调整制动电流的作用。

当电动机正向运行时，由接触器 KM1 控制；制动的过程，由速度继电器的正转动作触点 KS1 控制。当电动机反向运行时，由接触器 KM2 控制，制动的过程，由速度继电器的正转动作触点 KS2 控制。具体的控制过程，请读者逐步自行分析。

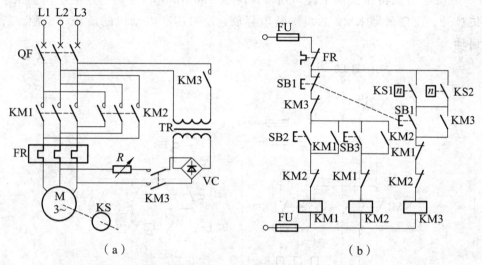

图 2-10　采用速度原则控制的电动机可逆运行能耗制动控制电路

能耗制动制动作用的强弱取决于电动机的转速和通入直流电流的大小。通常情况下直流电流为电动机空载电流的 3～4 倍，由于过大的电流会使电动机的定子过热，所以制动的环节中都加入滑动变阻器来限制制动电流。

能耗制动的优点是制动很准确、平稳并且消耗的能量很少，缺点是制动过程中需要直流的电源装置。所以能耗制动一般用于电动机容量较大，启动、制动频繁的场合，如磨床、立式铣床等控制电路。

2. 反接制动控制电路

反接制动是切换电动机定子绕组三相电源相序，使定子绕组产生的旋转磁场与转子惯性旋转方向相反，产生与转子转动方向相反的制动转矩，当电动机的转速下降接近零时，及时断开电动机的反接电源。如果在电动机的转速下降到零时不及时切除反接电源，则电动机就要从零速开始反向启动运行了。所以根据速度原则进行电动机的反接制动控制是比较合适的（因为负载转矩等的变化影响制动过程的时间，用时间继电器来控制制动的过程很难准确停车）。

1）单向运行反接制动控制电路

如图 2-11 所示为单向运行反接制动控制电路，KM1 为电动机正常运行用接触器，KM2

为电动机制动用接触器。电路的控制过程为：

第一阶段：电动机的单向正常运行。合上 QF→按下启动按钮 SB2→接触器 KM1 的线圈得电吸合且自锁：接触器 KM1 的主触点闭合，电动机启动运转，速度逐渐升高→当电动机转速升高到大于 120 r/min，速度继电器 KS 的常开触点闭合，为反接制动做好准备。

第二阶段：快速停车。按复合按钮 SB1→接触器 KM1 的线圈断电，KM1 的主触点断开电动机的正相序工作电源，KM1 的常闭触点复位闭合→接触器 KM2 的线圈得电吸合自锁：KM2 的主触点闭合，串入电阻 R 进行反接制动，电动机产生一个反向电磁转矩（即制动转矩），迫使电动机转速快速下降，当转速降至 100 r/min 以下时，速度继电器 KS 的常开触点复位打开，使接触器 KM2 的线圈断电释放，及时切断电动机的反相序电源，防止电动机反向启动。

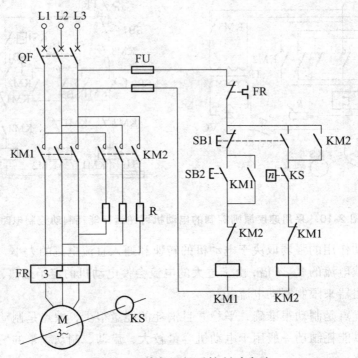

图 2-11　单向运行反接制动电路

2）可逆运行反接制动控制电路

如图 2-12 所示为可逆运行反接制动控制电路。图中，KM1、KM2 为正反转控制用接触器，电阻 R 为制动用电阻（主要用来限制制动电流），KM3 为短接电阻接触器，KA1～KA3 为中间继电器，KS 为速度继电器。其中 KS1 为正转动作触点，KS2 为反转动作触点。

简单地分析一下电路的工作原理：

电动机正向运行：按下复合按钮 SB2→中间继电器 KA3 线圈得电吸合自锁→KM1 线圈得电，电动机接入正相序电源启动运行→电动机转动速度大于 120 r/min 时，正转动作触点 KS1 闭合→KA1 线圈得电吸合自锁→KM3 线圈得电吸合→电阻 R 短路，电动机额定电压下正转运行。

电动机正向运行制动：按下复合按钮 SB3→KA3 线圈断电，KA4 线圈得电吸合自锁→KM3 线圈断电（为限流电阻 R 接入电路做准备），KM2 线圈得电，电动机接入反相序电源，电动机在制动转矩的作用下，转动速度快速下降→当电动机转动速度小于 100 r/min 时，速度继电器 KS1 常开触点断开→中间继电器 KA1 电磁线圈断电，中间继电器 KA1 常开触点断开→KM2 线圈断电，KM2 主触点断开，电动机断电停转，制动结束。

电动机反向正常工作和制动环节的电路工作原理和正向运行及制动环节的工作原理类似，请大家自行分析。

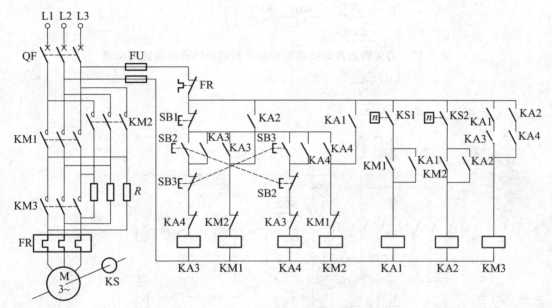

图 2-12　可逆运行反接制动控制电路

2.1.4　项目实施

生产机械一般都是由电动机进行拖动的。也就是说，生产机械的各种动作都是由电动机的各种动作来实现的。因此，对电动机进行控制就间接地完成了对生产机械的控制。

通过前面的理论知识介绍和项目分析，我们得知电动机可通过机械传动机构与刀架系统连接，只要控制电动机的自动循环运动就可实现刀架系统在 1-2 位置之间自动循环运动。

项目控制过程分解 1：自动循环，刀架由 1 移到 2 进行钻削加工后，自动退回 1，实现 1-2 之间自动位置循环。钻头到达位置 2 时不再进给，钻头继续旋转，进行无进给切削以提高工件加工精度。

经分析，电动机须正、反向运转，需采用两个接触器，以改变电动机定子绕组的三相电源相序（典型的正反转控制环节，一定要有电气互锁）。钻头到达位置 1 和位置 2 的时候能自动改变运动状态和运动方向，因此必须对其进行限位控制（需引入两个行程开关），钻头到达位置 2 的时候需停下直到对工件加工完毕才返回位置 1 进行下一轮循环，所以在位置 2 的时候加工工件的时间需用时间继电器控制。图 2-13 所示为电动机拖动刀架系统自动往返 1-2 两地的继电器接触器控制电路。

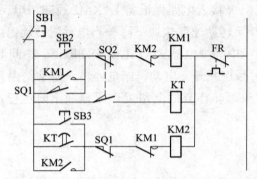

图 2-13　刀架两地自动往返控制系统的继电器接触器控制电路

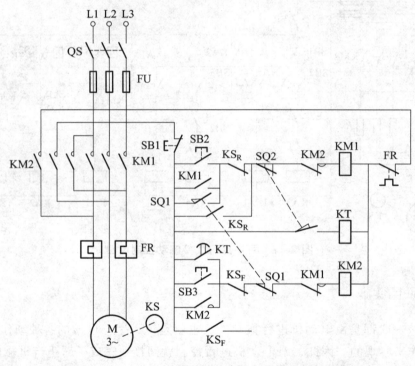

图 2-14　加工工件自动控制系统继电器接触器控制电路

　　项目控制过程分解 2：停车时，要求快速以减少辅助工时。通过前面的知识介绍，快速停车必须对电动机采取制动措施，因为自动加工工件控制系统是属于不经常启动和制动的设备，控制过程中所用拖动电动机则属于 10 kW 以下的小容量电动机，而项目实施的过程中本身有正反转控制的环节（正转时，由反转用接触器提供制动反接电源；反转过程中，可以由正转用接触器提供反接制动电源），所以电动机的快速停车由反接制动比较合适。而项目的控制要求并未告知电动机制动的过程需要多长时间，所以根据速度原则进行电动机的反接制动控制是比较合适的。

　　经分析，该项目的继电器接触器控制电路如图 2-14 所示，控制过程的具体实现请读者自行分析。

2.1.5 电气控制电路中的保护环节

在工农业、交通运输等部分中，广泛使用着各种生产机械，它们大都以电动机作为动力来进行拖动。电动机是通过某种自动控制方式来进行控制的，最常见的是继电器接触器控制方式。

电气控制线路是把各种有触头的接触器、继电器、按钮、行程开关等电气元件，用导线按照一定方式连接起来组成的控制线路。它的作用是：实现对电力拖动系统的启动、调速、反转和制动等运行性能的控制，实现对拖动系统的保护，满足生产工艺要求，实现生产过程自动化。

电气控制系统除了要能满足生产机械的加工工艺要求外，还应该保证设备长期安全、可靠、无故障地运行，因此保护环节是所有电气控制系统不可缺少的组成部分，用来保护电动机、电网、电气控制设备以及人身的安全。

常用的保护环节有短路保护、过载保护、过电流保护、零电压、欠电压和过电压保护以及弱电磁保护等。

1. 短路保护

要求一旦发生短路故障时，控制电路应该能迅速地切断电源。

常用的短路保护元件有熔断器和低压断路器。熔断器价格便宜，断弧能力较强，但是熔体的品质、老化及环境温度等因素对其工作值影响很大，用其保护电动机时，可能只有一相熔体烧断而造成电动机单相运行。通常熔断器比较适用于对动作准确度和自动化程度要求较低的系统中，如小容量的笼型电动机、一般的普通交流电源等。

当电路出现短路时，低压断路器电流线圈动作，将整个开关跳开，三相电源便同时被切断。低压断路器还兼有过载保护和欠压保护，不过其结构复杂，价格昂贵，不宜频繁操作，广泛用在要求较高的场合。

2. 过电流保护

电动机不正确地启动或负载转矩剧烈增加会引起电动机过电流运行。一般情况下，这种过电流比短路电流小，不超过 6 倍额定电流。在电动机运行过程中产生过电流的可能性比发生短路的可能性更大，尤其是在频繁正反转启动的重复短时工作的电动机中更是如此。

在过电流情况下，电器元件并不是马上损坏，只要在达到最大允许温升之前，电流值能恢复正常，还是允许的。但过大的冲击负载会使电动机流过过大的冲击电流，以致损坏电动机；同时，过大的电动机电磁转矩也会使机械的传动受到损坏。因此要瞬时切断电源。

电动机过电流保护常用过电流继电器与接触器配合起来实现。将过电流继电器串接在被保护电路中，其常闭触头串接在接触器线圈电路中，当电路电流达到其整定值时，过电流继电器动作，其常闭触头断开，使接触器线圈断电，接触器主触头断开来切断电动机电源。

由于笼型电动机启动电路很大，如果要使启动时过电流保护元件不动作，其整定值就要大于启动电流，那么一般的过电流就无法使之动作了。所以过电流保护常用在直流电动机和绕线式异步电动机上。若过电流继电器动作电流为 1.2 倍电动机启动电流，则过电流继电器亦可实现短路保护。

3. 过载保护

所为过载是指电动机的电流大于其额定电流值，但在 1.5 倍的额定电流以内。引起电动机过载的原因很多，如负载的突然增加、三相异步电动机断相或电源电压降低等。如电动机长期过载运行，其绕组温升将超过允许值，造成绝缘材料老化变脆，寿命减少，严重时会使电动机损坏。过载电流越大，达到允许温升的时间就越短。

常用的过载保护元件是热继电器。

必须强调指出，短路、过电流、过载保护虽然都是电流保护，但由于故障电流的动作值、保护特性和保护要求以及使用元件的不同，它们之间是不能相互取代的。

4. 零电压保护

为了防止电压恢复时电动机自行启动的保护叫做零电压保护。

采用按钮和接触器控制的启停电路就具有零电压保护作用。因为电源电压消失时，接触器就会自动释放而切断电动机电源，当电源电压恢复时，由于接触器自锁触头已经断开，不会自行启动。

如果不是采用按钮而是用不能自动复位的手动开关来控制接触器，则必须采用专门的零电压继电器来进行保护。工作过程中一旦失电，零电压继电器释放，其自锁电路断开，电源电压恢复时，不会自行启动。

5. 欠电压保护

对于正常运行的电动机，若电源电压过分地降低，将引起一些控制电器的释放，造成控制电路工作不正常，甚至发生事故；电源电压降低后电动机负载不变，将造成电动机电流增大，引起电动机发热，甚至烧坏电动机；电源电压降低还会引起电动机转速下降，甚至停转。因此，当电动机电源电压降到一定值（60% ~ 80%额定电压）时，应及时切断电动机电源，对电动机进行保护，这种保护称为欠电压保护。

6. 弱磁保护

直流电动机必须在磁场有一定强度下才能启动，如果磁场太弱，电动机的启动电流就会很大；若直流电动机正在运行时磁场突然减弱或消失，直流电动机转速就会迅速上升，甚至发生"飞车"现象。为此，应采取弱磁保护。

弱磁保护是通过在电动机励磁回路中串入欠电流继电器来实现的。在电动机运行时，若励磁电流过小，欠电流继电器将释放，其触头断开接触器线圈电路，接触器线圈断电释放，接触器主触头断开直流电动机电枢回路，电动机断开电源而停车，实现保护电动机的目的。

7. 过电压保护

电磁铁、电磁吸盘等大电感负载及直流继电器等，在通断时会产生较高的感应电动势，将电磁线圈绝缘击穿而损坏，因此必须采用过电压保护措施。

通常过电压保护是在线圈两端并联一个电阻、电阻串电容或二极管串电阻，以形成一个放电回路，实现过电压的保护。

项目 2.2 笼型三相异步电动机的降压启动控制

2.2.1 项目目标

【知识目标】

掌握笼型三相异步电动机的降压启动方法。

【技能目标】

掌握定子串电阻、Y-△变换等电动机降压启动控制电路的结构和工作原理，掌握电动机启动控制电路的连接方法和调试方法。

2.2.2 项目任务

本项目的具体控制要求为：按下启动按钮 SB2，电动机按 Y 接法启动，10 s 后，达到稳定转速，电动机转为三角形（△）接法稳定运行。按下停止按钮 SB1，电动机停止运转。

2.2.3 项目分析

现实生活中，较大容量的笼型三相异步电动机在直接启动时，交流电动机的电流可以达到额定值的数倍，这会对电网电压波动和附近电气设备的正常运行产生很大影响。功率越大，影响越明显。因此，当电动机容量较大（大于 10 kW）时，通常采用降压启动方式，以减小启动电流，防止过大的电流引起电源电压的波动，影响其他设备的运行。

降压启动方式有定子串电阻（或电抗）、星形（Y）-三角形（△）、自耦变压器（补偿器）、延边三角形、软启动器等多种方法。其中延边三角形方法已基本不用，常用的方法有定子串电阻（或电抗）和星形（Y）-三角形（△）等。

根据项目的控制要求，首先要理解降压启动的原理，以定子串电阻降压启动控制为例，然后再分析星形（Y）-三角形（△）降压启动的原理，最后进行项目的实施。

2.2.4 项目实施

1. 定子串电阻降压启动控制线路

定子串电阻降压启动就是启动时在电动机定子绕组中串入电阻起降压限流作用，当电动机转速达到一定值时，再将电阻切除，使电动机在额定电压下运行。通常采用时间继电器控制启动时间，并自动切除电阻。

如图 2-15 所示就是以时间继电器控制的

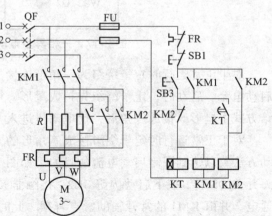

图 2-15 定子串电阻降压启动控制电路

定子串电阻降压启动控制线路。当合上 QF，按下启动按钮 SB3 时，KM1 通电并自锁，电动机在串接电阻 R 的情况下启动，同时通电延时型时间继电器 KT 通电开始计时，当达到整定值（根据启动所需时间整定）时，其延时闭合的常开触点闭合，使 KM2 通电，切除串入电阻，电动机全压运行。

定子串电阻降压启动方式只使用于空载或轻载启动，由于这种控制电路成本高，电能损耗大，因此没有 Y-△ 降压启动控制电路使用频繁。

2. Y-△ 降压启动控制电路

在三相异步电动机中，每相定子绕组有两个引出端，三相定子绕组共有 6 个引出端口，分成上下两排分别接到电动机接线盒内的接线柱上。规定上排三个接线柱的编号自左至右依次为 U1、V1、W1，下排三个接线柱的编号自左至右依次为 W2、U2、V2。

通过改变接线柱间连接片的连接关系，可以将三相定子绕组接成星形(Y)或三角形(△)。定子绕组的内部接线方式如图 2-16 所示，外部端子接法如图 2-17 所示。

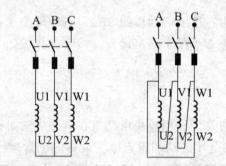

图 2-16　三相异步电动机定子绕组内部接法

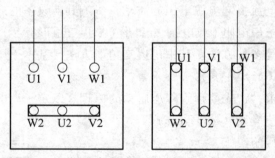

图 2-17　三相异步电动机定子绕组外部端子接法

对于正常运行时定子绕组为三角形连接的笼型异步电动机，可采用 Y-△ 启动方法来限制启动电流。启动时，定子绕组先接成星形，待转速上升到接近额定转速时，将定子绕组的联结方式由星形改接成三角形，使电动机进入全电压正常运行状态。

对于正常运行时定子绕组接成三角形的三相鼠笼式异步电动机，均可采用星-三角降压启动方法，以达到限制启动电流的目的。如图 2-18 所示为星-三角降压启动控制线路，当合上刀开关 QS 后，按下启动按钮 SB2，接触器 KM1，KM3 及通电延时型时间继电器 KT 的线圈通电，并由 KM1 的常开辅助触点自锁。此时，主电路中电动机绕组首端 U1、V1、W1 接入三相电源，未端 U2、V2、W2 被短接，形成星形接法。

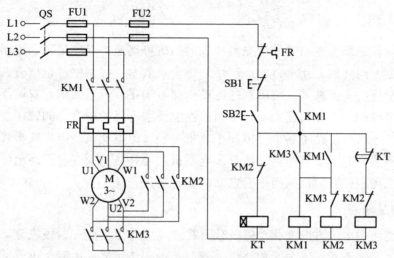

图 2-18 星-三角减压启动控制电路

这时电动机每相绕组承受的电压为额定电压的 $\frac{\sqrt{3}}{3}$，启动电流（线电流）只有三角形接法时的 1/3。当电动机转速升高到一定值时，时间继电器 KT 延时动作，其延时断开触点断开，KM3 线圈断电，其主触点断开；同时 KM2 线圈通电并自锁，其常闭辅助触点（与 KM3 动断辅助触点形成互锁，以防止同时通电造成主电路短路）断开，使 KT 断电，避免时间继电器长期通电工作。其主触点闭合，将 U1 与 V2，V1 与 W2，W1 与 U2 连在一起形成三角形接法。此时电动机绕组承受全部额定电压，即全压运行。三相笼型异步电动机星-三角降压启动具有投资少，线路简单的优点。但是启动转矩只有直接启动时的 1/3。因此，它只适用于空载或轻载启动的场合。

项目 2.3 双速异步电动机调速控制

2.3.1 项目目标

【知识目标】

熟悉双速异步电动机变极调速原理，掌握双速异步电动机△/YY 接法的双速异步电动机低速、高速控制原理。

【技能目标】

掌握△/YY 接法的双速异步电动机低速、高速控制电路的连接方法、调试方法及电气安装接线图，正确分析其控制电路的工作原理，并可以完成控制电路的安装与检修。

2.3.2 项目任务

双速异步电动机调速控制。

2.3.3 项目相关知识

很多机械设备常要求拖动的三相笼型异步电动机可调速，以满足自动控制要求。在生产实际中，为满足不同的加工要求，保证产品的质量及效率，许多生产机械有调速的要求。对于不需要连续变速的生产机械，使用双速电动机即可满足其调速要求。双速异步电动机属于异步电动机变极调速，变极调速主要用于调速性能要求不高的场合，如铣床、镗床、磨床等机床及其他设备上。所需设备简单、体积小、重量轻，但电动机绕组出线头较多，调速极数少，级差大，不能实现无级调速。双速异步电动机主要是通过改变定子绕组的连接方法达到改变定子旋转磁场磁极对数，从而改变电动机的转速。

1. 变极调速原理

定子一半绕组中电流方向变化，磁极对数就会成倍变化，如图 2-19 所示。每相绕组由两个线圈组成，每个线圈看作一个半相绕组。若两个半相绕组顺向串联，电流同向，可产生 4 极磁场；其中一个半相绕组电流反向，可产生 2 极磁场。

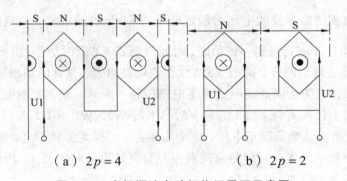

（a）$2p=4$ （b）$2p=2$

图 2-19 变极调速电动机绕组展开示意图

2. 异步电动机的调速原理

根据异步电动机的原理可知，其转速公式为

$$n = \frac{60f}{p}(1-s) \tag{2-1}$$

式中　p——电动机极对数；

　　　f——供电电源频率；

　　　s——转差率。

由式（2-1）可知，通过改变电源频率 f、极对数 p 以及转差率 s 都可以实现调速的目的。在电源频率不变的条件下，异步电动机的同步转速与磁极对数成反比，磁极对数增加一倍，同步转速 n 下降至原转速的一半，电动机额定转速 n 也将下降近似一半，所以改变磁极对数可以达到改变电动机转速的目的。

2.3.4 项目实施

变极调速是通过改变定子绕组的连接来改变磁极对数，从而改变电动机同步转速达到调速的目的，由于电动机的极对数是整数，所以这种调速是有极调速，一般有双速、三速、四速之分。

电动机的每相定子绕组由两个线圈连接而成，共有三个抽头，双速电动机用来改变磁极对数的常见的定子绕组接法有两种：一种是由三角形改为双星形，如图 2-20（a）所示。定子绕组的出线端 1、2、3 接电源，4、5、6 悬空，绕组为三角形接法，每相绕组中两个线圈串联，成四个极，电动机同步转速为 1 500 r/min，为低速；出线端 1、2、3 短接，4、5、6 接电源，绕组为双星形，每相绕组中两个线圈并联，成两个极，电动机同步转速为 3 000 r/min，为高速。另一种是由星形改为双星形，如图 2-20（b）所示。两种接线方式变换成双星形均使磁极对数减少一半，转速增加一倍。但是由 △→YY 切换适用于拖动恒功率性质的负载；而由 Y→YY 切换适用于拖动恒转矩性质负载。须注意的是改变极对数后，其相序与原来相序相反。所以，变极时必须把电动机任意两个出线端对调，从而保证变极后转动方向相同。

双速电动机调速控制电路如图 2-21 所示。图中 S 为双投开关，合向"低速"位置时，电动机接成三角形，磁极数为 4，电动机低速运行；S 合向高速位置时，时间继电器 KT 电磁线圈得电，其瞬时常开触点立即接通，接触器 KM3 得电，电动机先进入低速运转，经时间继电器 KT 延时后，自动切换为接触器 KM1、KM2 工作，电动机接成双星形高速运转，这样做的目的是先低速后高速的控制，目的是限制启动电流。

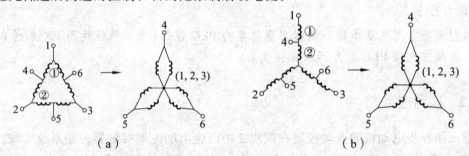

图 2-20 双速电动机三相绕组接线图

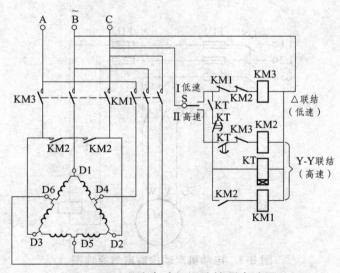

图 2-21 双速电动机调速控制电路图

083

模块 3　FX₂ₙ 系列 PLC 基本指令的应用

项目 3.1　LD、LDI、OUT、END 指令的应用

3.1.1　项目目标

【知识目标】

熟练编程元件输入继电器（X）、输出继电器（Y）的运用，掌握 LD、LDI、OUT、END 指令；掌握梯形图编程的特点和设计规则，对比继电器接触器控制系统与 PLC 控制系统实现笼型三相异步电动机点动控制的区别。

【技能目标】

能够利用所掌握的基本指令编程实现简单的 PLC 控制；能够熟练运用 FX 系列 PLC 的编程软件，能独立完成 PLC 的外部硬件接线。

3.1.2　项目任务

笼型三相异步电动机的点动控制在模块 2 中已经由继电器接触器控制系统实现，这里要求利用 FX₂ₙ 系列 PLC 基本指令 LD、LDI、OUT、END 和输入继电器和输出继电器编程实现。如图 3-1 所示。

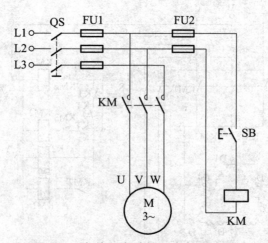

图 3-1　电动机点动控制电气原理图

3.1.3　相关基本指令

FX$_{2n}$ 系列可编程序控制器的基本指令主要用于触点的逻辑运算、输入输出操作、定时和计数等。FX$_{2n}$ 系列可编程控制器共有 27 条基本指令，供设计者编制语句表使用，它与梯形图有严格的一一对应关系。

LD（Load）指令是从左母线开始，取用常开触点；LDI（Load Inverse）指令是从左母线开始，取用常闭触点；OUT 指令是用于继电器线圈、定时器、计数器的输出；END 指令表示程序结束，输入输出处理以及返回到 0 步。如表 3-1 所示。

表 3-1　触点取用与线圈输出指令

助记符，名称	功　能	回路表示和可用软元件	程序步
LD 取	常开触点逻辑运算开始	⊢⊣⊢⊣⊢○⊣ X,Y,M,S,T,C	1
LD 取反	常闭触点逻辑运算开始	⊢⊣⊢⫫⊢○⊣ X,Y,M,S,T,C	1
OUT 输出	线圈驱动	⊢⊣⊢⊣⊢○⊣ Y,M,S,T,C	Y，M：1 S，特殊 M：2 T：3 C：3~5
END 结束	程序结束	无	1

LD、LDI、OUT 指令使用说明：（1）LD、LDI 指令用于与左母线相连的触点，也可以与 ANB、ORB 指令配合使用于分支回路的开头；（2）OUT 指令适用于输出继电器、辅助继电器、定时器及计数器，但不能用于输入继电器；（3）并联的 OUT 指令可以连续使用任意次，但 OUT 指令不能串联输出；（4）在对定时器、计数器使用 OUT 指令之后，必须设常数 K。指令的应用如图 3-2 所示。

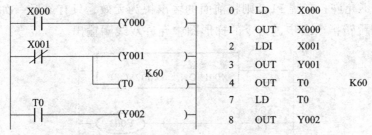

	0	LD	X000
	1	OUT	X000
	2	LDI	X001
	3	OUT	Y001
	4	OUT	T0　K60
	7	LD	T0
	8	OUT	Y002

图 3-2　LD、LDI、OUT 的应用

END 指令表示程序的结束。如图 3-3 所示，PLC 在执行程序的每个扫描周期中，首先进行输入处理，然后执行程序，当程序执行到 END 指令时，END 以后的指令就不能被执行，而直接进入到最后的程序输出处理阶段。也就是说，在程序中插入 END 指令可以缩短扫描周期。对于一些较长的程序，可采取分段调试，即将 END 指令插入到各段程序之后，从第一段开始分段调试，调试好以后再顺序删去程序中间的 END 指令，这种方法对于检查程序中的错误是很有好处的。因此，一个完整的 PLC 程序都必须以 END 指令来结束，否则程序将不会运行。

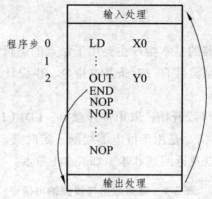

图 3-3 END 指令的用法

3.1.4 梯形图及语句表编程注意事项

1. 梯形图编程注意事项

尽管梯形图与继电器电路图在结构形式、元件符号及逻辑控制功能等方面相类似，但它们又有许多不同之处，梯形图具有自己的编程规则。从另外一个方面来讲，PLC 的基本指令只有有限的数量，也就是说，只有有限的编程元件的符号组合可以作为指令表达。不能为指令表达的梯形图从编程语法上来说就是不正确的，尽管这些"不正确"的梯形图有时能正确地表达某些正确的逻辑关系。为此，在编辑梯形图时，要注意以下几点：

（1）每一逻辑行总是起于左母线，然后是触点的连接，最后终止于线圈或右母线（右母线可以不画出）。注意：左母线与线圈之间一定要有触点，而线圈与右母线之间则不能有任何触点。

（2）一般情况下，在梯形图中同一线圈只能出现一次。如果在程序中，同一线圈使用了两次或多次，称为"双线圈输出"，如图 3-4 所示。对于"双线圈输出"，有些 PLC 将其视为语法错误，绝对不允许；有些 PLC 则将前面的输出视为无效，只有最后一次输出有效；而有些 PLC，在含有跳转指令或步进指令的梯形图中允许双线圈输出。

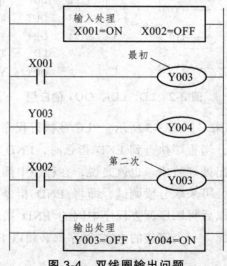

图 3-4 双线圈输出问题

（3）梯形图中的触点的使用次数不受限制。触点应该画在水平线上，不能够画在垂直分支线上，如图 3-5（a）所示。触点可以任意串联或并联，但继电器线圈只能并联而不能串联。

（4）有几个串联电路相并联时，应将串联触点多的回路放在上方，如图 3-5（b）所示。在有几个并联电路相串联时，应将并联触点多的回路放在左方，如图 3-5（c）所示。这样所编制的程序简洁明了，语句较少。

（5）对于不可编程的电路，必须对电路进行重新安排，如图 3-5（d）所示，便于正确使用 PLC 基本指令进行编程。

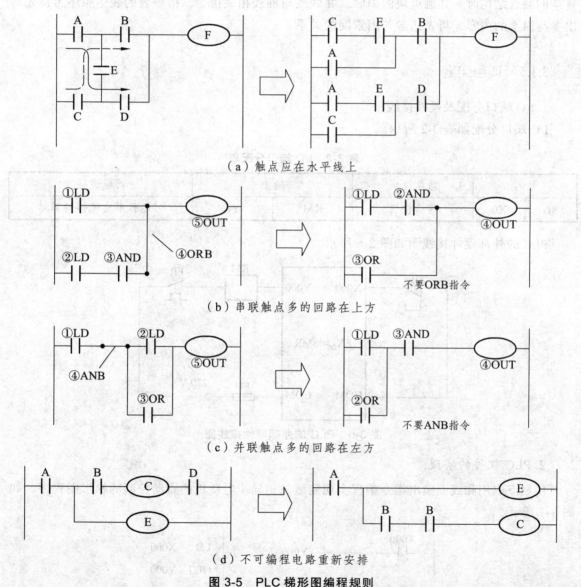

图 3-5　PLC 梯形图编程规则

（6）输出线圈及运算处理框，必须写在一行的最右面，它们右边不能再有任何触点存在。

另外，在设计梯形图时输入继电器的触点状态最好按输入设备全部为常开进行设计更为合适，不易出错。建议用户尽可能用输入设备的常开触点与 PLC 输入端连接，如果某些信号只能用常闭输入，可先按输入设备为常开来设计，然后将梯形图中对应的输入继电器触点取反（常开改成常闭、常闭改成常开）。

2. 语句表的编程规则

利用 PLC 基本指令对梯形图编程时，务必按从左到右、自上而下的原则进行。在处理较复杂的触点结构时，如触点块的串联、并联或与堆栈相关指令，指令表的表达顺序为：先写出参与因素的内容，再表达参与因素间的关系。

3.1.5 项目实施

1. I/O 端口分配及硬件接线

I/O 端口分配如表 3-2 所示。

表 3-2 I/O 端口分配表

输入		功能说明	输出		功能说明
SB	X0	启动按钮	KM	Y0	运行用交流接触器

PLC 的外部硬件接线图如图 3-6 所示。

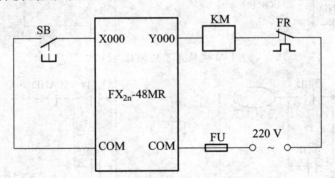

图 3-6 PLC 的外部硬件接线图

2. PLC 软件的实现

用触点取用和线圈输出指令编程实现笼型三相异步电动机的点动控制的梯形图程序，如图 3-7 所示。

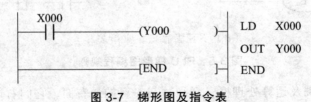

图 3-7 梯形图及指令表

项目 3.2　AND、ANI、OR、ORI 指令的应用

3.2.1　项目目标

【知识目标】

掌握 AND、ANI、OR、ORI 指令；对比继电器接触器控制系统与 PLC 控制系统实现笼型三相异步电动机连续运转控制的区别。

【技能目标】

能够利用所掌握的 AND、ANI、OR、ORI 指令编程实现笼型三相异步电动机连续运转的 PLC 控制；能够熟练运用 FX 系列 PLC 的编程软件，能独立完成 PLC 的外部硬件接线。

3.2.2　项目任务

笼型三相异步电动机单向连续运转控制过程在模块 2 中已经由继电器接触器控制系统实现，这里要求利用 FX_{2n} 系列 PLC 基本指令 AND、ANI、OR、ORI 和输入继电器与输出继电器编程实现。如图 3-8 所示。

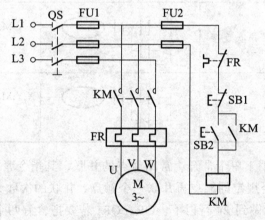

图 3-8　笼型三相异步电动机单向连续运转控制电路

3.2.3　相关基本指令

1. 触点串联指令

表 3-3　触点串联指令

助记符，名称	功能	回路表示和可用软元件	程序步
AND，与	常开触点串联连接	X,Y,M,S,T,C	1
ANI，与非	常闭触点串联连接	X,Y,M,S,T,C	1

AND、ANI 指令为单个触点的串联连接指令，AND 用于常开触点，ANI 用于常闭触点，如表 3-3 所示。串联接点的数量无限制。如图 3-9 所示是使用本组指令的实例。图中第 1 次使用 OUT 指令后，通过触点对其他线圈使用 OUT 指令，称之为纵接输出或连续输出。此种纵接输出，如果顺序正确可多次重复。但限于图形编程器和打印机幅面限制，应尽量做到一行不超过 10 个接点及一个线圈，总共不要超过 24 行。

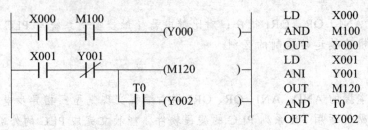

图 3-9　触点串联指令的应用举例

2. 触点并联 OR、ORI 指令

OR、ORI 指令的功能、梯形图表示、可用软元件、所占的程序步如表 3-4 所示。

表 3-4　触点并联指令

助记符，名称	功能	回路表示和可用软元件	程序步
OR，或	常开触点并联连接	X,Y,M,S,T,C	1
ORI，或非	常闭触点并联连接	X,Y,M,S,T,C	1

OR、ORI 指令分别用于单个常开、常闭触点的并联，其指令紧接在 LD、LDI 指令后使用，亦即对 LD、LDI 指令规定的触点再并联一个触点，并联的次数无限制，但限于编程器和打印机的幅面限制，尽量做到 24 行以下。OR、ORI 若要把含有两个以上的触点串联电路与其他电路并联，则要用 ORB 指令。如图 3-10 所示。

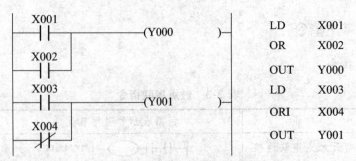

图 3-10　触点并联指令的用法

3.2.4 项目实施

1. I/O 端口分配及硬件接线

I/O 端口分配如表 3-5 所示。

表 3-5　I/O 端口分配表

输入		功能说明	输出		功能说明
SB1	X000	停止按钮	KM	Y0	运行用交流接触器
SB2	X001	启动按钮			

PLC 外部硬件接线如图 3-11 所示。

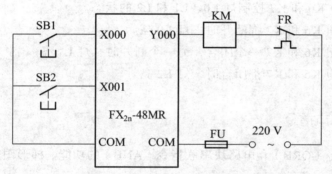

图 3-11　PLC 的外部硬件接线图

2. PLC 软件的实现

用触点串联和并联指令编程实现笼型三相异步电动机单向连续运转控制电路的梯形图程序如图 3-12 所示。

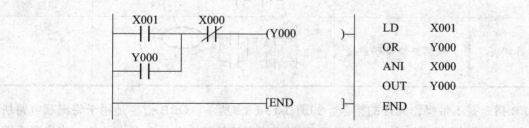

图 3-12　梯形图及指令表

项目 3.3 ANB、ORB 指令的应用

3.3.1 项目目标

【知识目标】

掌握 ANB、ORB 指令的用法。

【技能目标】

能够利用所掌握的 ANB、ORB 指令编程实现布尔指令的 PLC 控制，能够熟练运用 FX 系列 PLC 的编程软件，能独立完成 PLC 的外部硬件接线。

3.3.2 项目任务

用按钮（带锁）K6 和 K7 控制灯 L0、L1 和 L2 的状态。

（1）只有当按钮 K6 和 K7 都断开时，灯 L0 亮。

（2）只有当按钮 K6 和 K7 一个闭合，另一个断开时，灯 L1 亮。

（3）只有当按钮 K6 和 K7 都闭合时，灯 L2 亮。

3.3.3 相关基本指令

电路块并联指令（ORB）和电路块串联指令（ANB）的功能、梯形图表示、可用软元件、所占的程序步如表 3-6 所示。

表 3-6 ANB、ORB 指令的用法

助记符，名称	功能	回路表示和可用软元件	程序步
ORB，回路块或	串联回路块并联连接	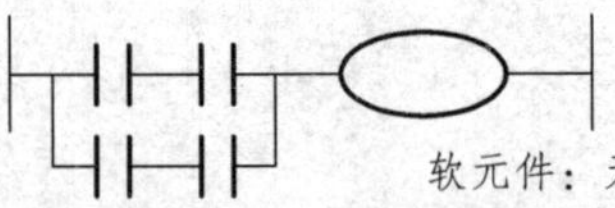 软元件：无	1
ANB，回路块与	并联回路块串联连接	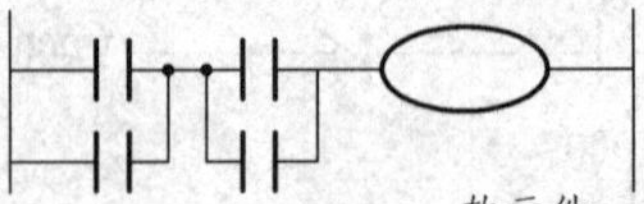 软元件：无	1

ORB 指令是不带操作元件的指令，如图 3-13（a）所示。ORB 指令是用于将串联电路块并联连接。指令使用说明：（1）两个以上的触点串联连接的电路为串联电路块，将串联电路块与前面的电路并联连接时，分支的开始用 LD、LDI 指令，分支结束用 ORB 指令，且其后面不带操作元件；（2）若有多条并联电路时，在每个电路块后使用 ORB 指令，对并联电路数没有限制[见图 3-13（b）]；（3）因为 PLC 内部堆栈层次为 8 层，LD、LDI 指令只能连续使用 8 次，ORB 指令也可以连续使用，但连续使用次数也应限制在 8 次以内[见图 3-13（c）]。

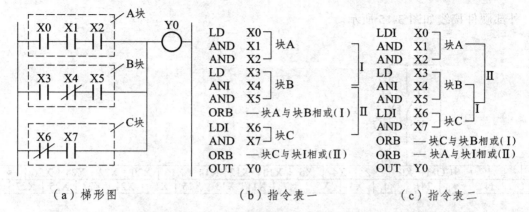

（a）梯形图　　　　　（b）指令表一　　　　　（c）指令表二

图 3-13　ORB 块或指令的用法

ANB 指令也是不带操作元件编号的指令，如图 3-14（a）所示。ANB 指令是用于将并联电路块串联连接。指令使用说明：（1）两个或两个以上触点并联连接的电路称为并联电路块，将并联电路块与前面的电路串联连接时，分支的开始用 LD、LDI 指令，分支结束用 ANB 指令，且其后面不带操作元件；（2）若有多条串联电路时，在每个电路块后使用 ANB 指令，对并联电路数没有限制[见图 3-14（b）]；（3）ANB 指令也可以连续使用，但与 ORB 一样，使用次数不得超过 7 次[见图 3-14（c）]。

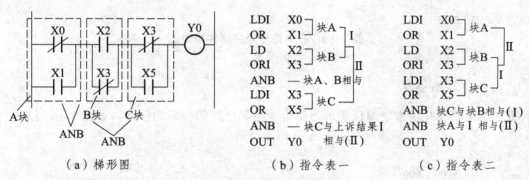

（a）梯形图　　　　　（b）指令表一　　　　　（c）指令表二

图 3-14　ANB 块或指令的用法

3.3.4　项目实施

1. I/O 端口分配及硬件接线

I/O 端口分配如表 3-7 所示。

表 3-7　I/O 端口分配表

输入		功能说明	输出		功能说明
K6	X000	按钮 K6 状态	L0	Y0	灯 L0 控制
K7	X001	按钮 K7 状态	L1	Y1	灯 L1 控制
			L2	Y2	灯 L2 控制

外部硬件接线如图 3-15 所示。

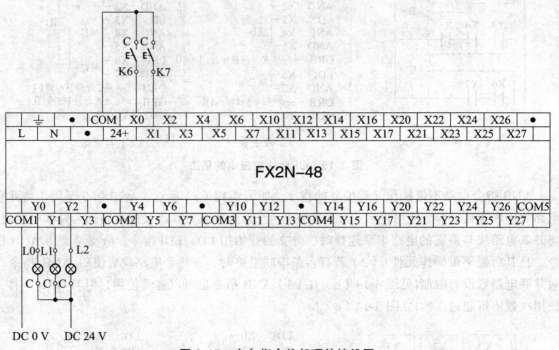

图 3-15　布尔指令外部硬件接线图

2. PLC 软件的实现

用触点串联和并联指令编程实现布尔指令控制电路的梯形图程序，如图 3-16 所示。

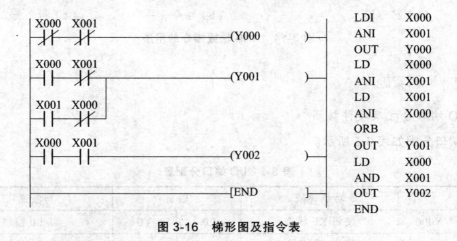

图 3-16　梯形图及指令表

项目 3.4　LDP、LDF、ANDP、ANDF、ORP、ORF、SET、RST 指令的应用

3.4.1　项目目标

【知识目标】

掌握 LDP、LDF、ANDP、ANDF、ORP、ORF、SET、RST 指令；熟练掌握编程元件定时器（T）和辅助继电器（M）的用法。

【技能目标】

能够利用所掌握的 LDP、LDF、ANDP、ANDF、ORP、ORF、SET、RST 指令编程实现水位水塔及多种液体自动混合装置的 PLC 控制；能够熟练运用 FX 系列 PLC 的编程软件，能独立完成 PLC 的外部硬件接线。

3.4.2　项目任务

任务 1　水塔水位控制系统设计

水塔水位控制系统设计如图 3-17 所示。控制要求：（1）当水塔内水位低于 S2 时，水泵 M 自动启动，当水位高于 S1 时水泵停止；（2）当水池内水位低于 S4 时，阀门 Y 自动打开，当水位高于 S3 时阀门关闭。

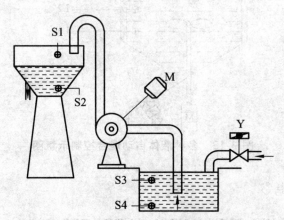

图 3-17　水塔水位自动控制示意图

任务2 多种液体自动混合控制

1. 初始状态

容器是空的，Y1、Y2、Y3、Y4电磁阀和搅拌机M均为OFF，液面传感器L1、L2、L3均为OFF。

2. 操作控制

按下启动按钮，开始下列操作（见图3-18）：

（1）电磁阀Y1闭合（Y1为ON），开始注入液体A，至液面高度为L3（此时L3为ON）时，停止注入（Y1为OFF）同时开启液体B电磁阀Y2（Y2为ON）注入液体B，当液面升至L2（L2为ON）时，停止注入（Y2为OFF）同时开启液体C电磁阀Y3（Y3为ON）注入液体C，当液面升至L1（L1为ON）时，停止注入（Y3为OFF）。

（2）停止液体C注入时，开启搅拌机，搅拌混合时间为10 s。

（3）停止搅拌后放出混合液体（Y4为ON），至液体高度降为L3后，再经5 s停止放出（Y4为OFF）。

（4）混合控制完成后，如果没有按下停止按钮，进入第一步开始循环。任何时候按下停止键，在当前操作完毕后，停止操作，回到初始状态。

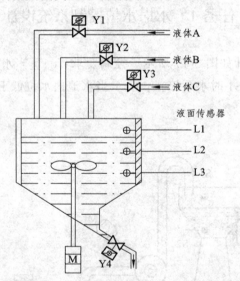

图3-18 多种液体自动混合控制示意图

3.4.3 相关基本指令

1. 边沿检测指令 LDP、LDF、ANDP、ANDF、ORP、ORF

LDP、ANDP和ORP指令是用来作为上升沿检测的触点指令，仅在指定位元件的上升沿（由 OFF→ON）时，使驱动线圈接通一个扫描周期，又称为上升沿微分指令。LDF、ANDF

和 ORF 指令是用来作为下降沿检测的触点指令，仅在指定位元件的下降沿（由 ON→OFF）时，使驱动线圈接通一个扫描周期，又称为下降沿微分指令。边沿检测指令 LDP、LDF、ANDP、ANDF、ORP、ORF 的功能、梯形图表示、可用软元件、所占的程序步如表 3-8 所示。

表 3-8　边沿检测指令

助记符，名称	功能	回路表示和可用软元件	程序步
LDP 取脉冲上升沿	上升沿检出运算开始	X,Y,M,S,T,C	2
LDF 取脉冲下降沿	下降沿检出运算开始	X,Y,M,S,T,C	2
ANDP 与脉冲上升沿	上升沿检出串联连接	X,Y,M,S,T,C	2
ANDF 与脉冲下降沿	下降沿检出串联连接	X,Y,M,S,T,C	2
ORP 或脉冲上升沿	上升沿检出并联连接	X,Y,M,S,T,C	2
ORF 或脉冲下降沿	下降沿检出并联连接	X,Y,M,S,T,C	2

　　边沿检测指令的用法如图 3-19 所示。在 X000 的上升沿或 X001 的下降沿，Y000 有输出，并且接通一个扫描周期。对于 Y001 的输出，只有当 X002 处于下降沿并且 M10 接通的时候，Y001 输出一个扫描周期；对于 Y002 的输出，只有当 T0 处于上升沿并且 M10 接通的时候，Y002 输出一个扫描周期。

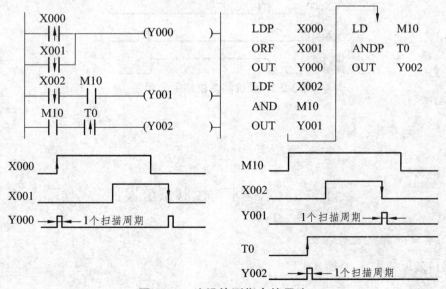

图 3-19　边沿检测指令的用法

2. 置位与复位指令 SET、RST

SET 指令是置位指令, 用于使操作目标元件置位并保持; RST 指令是复位指令, 用于使操作目标元件复位并保持清零状态, 如表 3-9 所示。SET、RST 指令使用说明如下:

(1) 对同一操作元件, SET、RST 可多次使用, 顺序也可随意, 但最后执行者有效。

(2) D、V、Z 的内容清零, 既可以用 RST 指令, 也可以用常数 K0 经传送指令清零, 效果相同。RST 指令还可用来复位积算型定时器和计数器。

(3) 在任何情况下, RST 指令都优先执行。

表 3-9　SET、RST 指令

助记符, 名称	功能	回路表示和可用软元件	程序步
SET 置位	动作保持	⊢⊣ [RST] Y,M,S	Y, M: 1 S, 特殊 M: 2
RST 复位	消除动作保持, 当前值及寄存器清零	⊢⊣ [RST] Y,M,S,T,C,D,V,Z	Y, C: 2 D, V, Z: 3

置位和复位指令用法如图 3-20 所示。

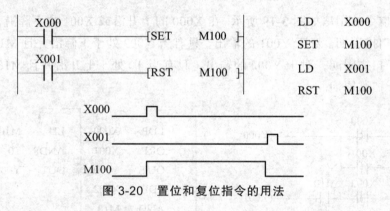

图 3-20　置位和复位指令的用法

3.4.4　项目实施

任务 1　水塔水位控制系统设计

1. I/O 端口分配及硬件接线

I/O 端口分配如表 3-10 所示。

表 3-10　I/O 端口分配表

输入		功能说明	输出		功能说明
S1	X0	液位开关 S1	Y	Y0	阀门 Y
S2	X1	液位开关 S2	M	Y1	水泵 M
S3	X2	液位开关 S3			
S4	X3	液位开关 S4			

外部硬件接线如图 3-21 所示。

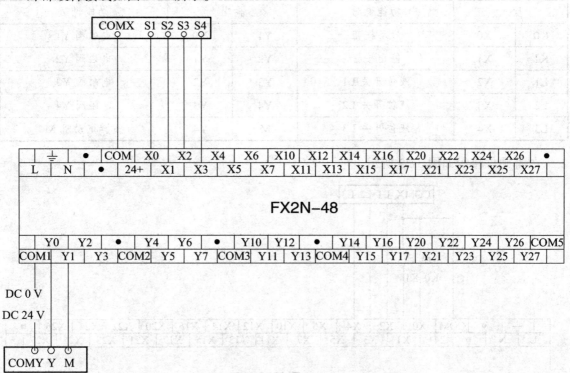

图 3-21　水塔水位控制系统外部硬件接线图

2. PLC 软件的实现

用触点串联和并联指令编程实现布尔指令控制电路的梯形图程序如图 3-22 所示。

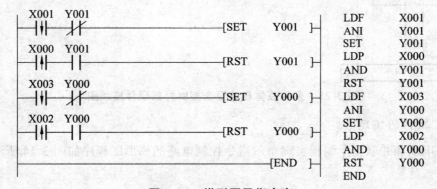

图 3-22　梯形图及指令表

099

任务 2　多种液体自动混合控制

1. I/O 端口分配及硬件接线

I/O 端口分配如表 3-11 所示。

表 3-11　I/O 端口分配表

输入		功能说明	输出		功能说明
K0	X0	启动按钮	Y1	Y0	电磁阀 Y1
K1	X1	停止按钮	Y2	Y1	电磁阀 Y2
L1	X2	液位开关 L1	Y3	Y2	电磁阀 Y3
L2	X3	液位开关 L2	Y4	Y3	电磁阀 Y4
L3	X4	液位开关 L3	M	Y4	搅拌电动机 M

外部硬件接线如图 3-23 所示。

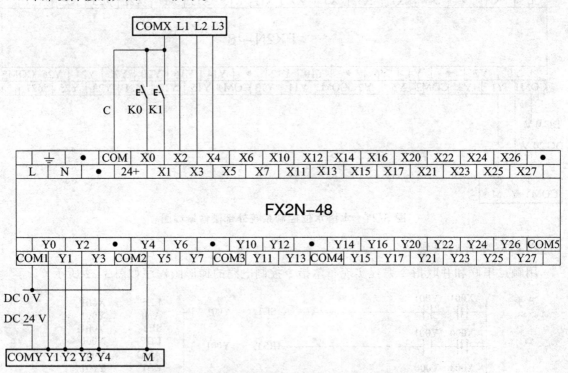

图 3-23　多种液体自动混合控制外部硬件接线图

2. PLC 软件的实现

用触点串联和并联指令编程实现布尔指令控制电路的梯形图程序如图 3-24 所示。

0	LDP	X000	21	ANI	Y004	41	SET	Y003
2	SET	M0	22	RST	Y000	42	LDF	X004
3	LDP	X001	23	SET	Y001	44	AND	Y003
5	RST	M0	24	LDP	X003	45	SET	M1
6	LDP	X000	26	ANI	Y003	46	LD	M1
7	ANI	Y001	27	ANI	Y004	47	ANI	M10
8	LDP	T1	28	RST	Y001	48	OUT	T1 K50
11	AND	M0	29	SET	Y002	51	LD	T1
12	ORB		30	LDP	X002	52	OUT	M10
13	ANI	Y002	32	AND	Y002	53	RST	Y003
14	ANI	Y003	33	RST	Y002	54	END	
15	ANI	Y004	34	SET	Y004			
16	SET	Y000	35	LD	Y004			
17	LDP	X004	36	OUT	T0 K100			
19	ANI	Y002	39	LD	T0			
20	ANI	Y003	40	RST	Y004			

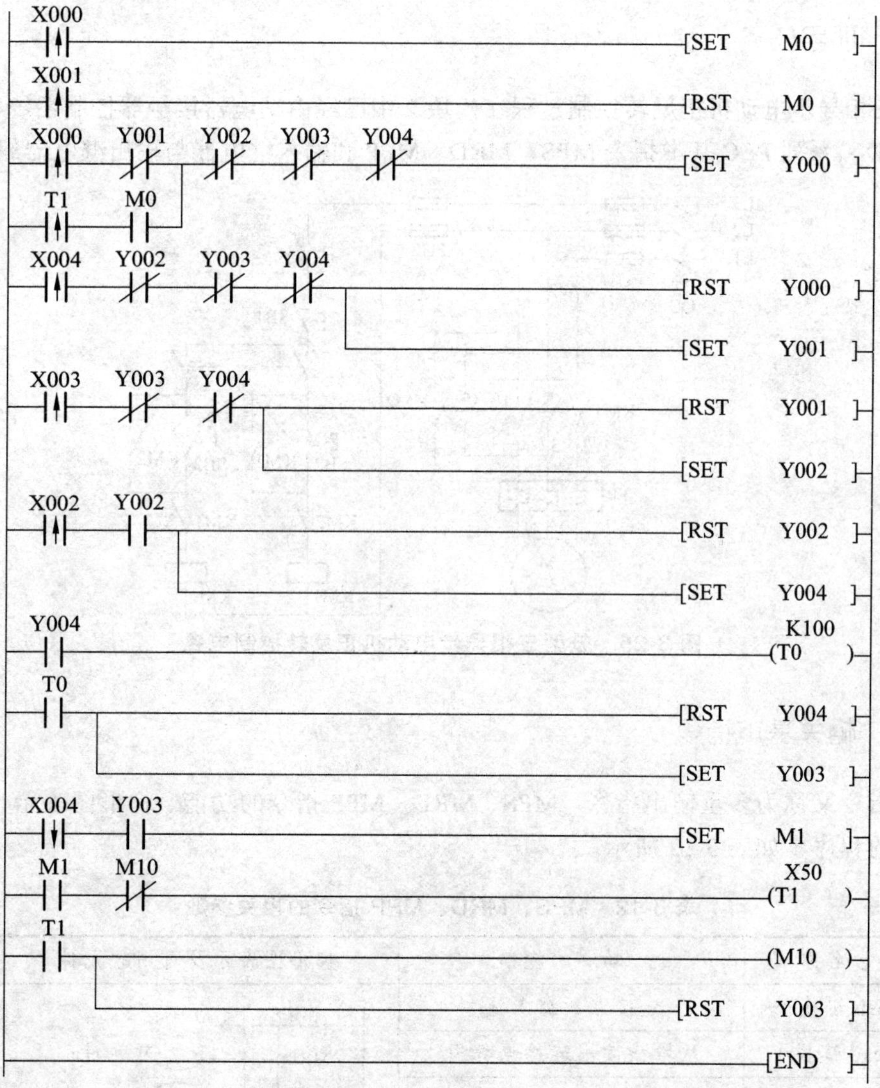

图 3-24　梯形图及指令表

101

项目 3.5 MPS、MRD、MPP 指令的应用

3.5.1 项目目标

【知识目标】

掌握堆栈指令 MPS、MRD、MPP。

【技能目标】

能够利用所掌握的"起-保-停"基本编程环节、置位/复位指令 SET、RST 及堆栈指令 MPS、MRD、MPP 编程实现电动机正反转的 PLC 控制电路；能够熟练运用 FX 系列 PLC 的编程软件，能独立完成 PLC 的外部硬件接线。

3.5.2 项目任务

笼型三相异步电动机正反转控制过程在模块 2 中已经由继电器接触器控制系统实现，这里要求利用 FX$_{2n}$ 系列 PLC 基本指令 MPS、MRD、MPP 和输入继电器与输出继电器编程实现。

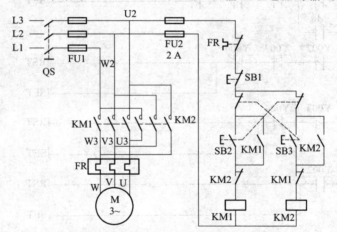

图 3-25 笼型三相异步电动机正反转控制电路

3.5.3 相关基本指令

堆栈指令又称为多重输出指令。MPS、MRD、MPP 指令的功能、梯形图表示、可用软元件、所占的程序步如表 3-12 所示。

表 3-12 MPS、MRD、MPP 指令的相关参数

助记符、名称	功　　能	梯形图表示及可用软元件	程序步
MPS（Push 进栈）	连接点数据入栈	MPS 软元件：无	1
MRD（Read 读栈）	从堆栈读出连接点数据	MRD	1
MPP（Pop 出栈）	从堆栈读出数据并复位	MPP	1

这组指令分别为进栈 MPS、读栈 MRD、出栈 MPP 栈指令，用于多重输出电路。可将连续点先存储，便于连接后面电路时读出或取出该数据。在 FX_{2n} 系列可编程序控制器中有 11 个用来存储运算的中间结果的存储器被称为栈存储器，如图 3-26 所示。

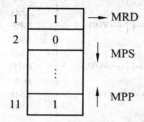

图 3-26　FX_{2N} 系列堆栈示意图

每使用一次 MPS 指令，便将此刻的运算结果送入堆栈的第一层，而将原存在第一层的数据移到堆栈的下一层。

使用 MPP 指令，各数据顺次向上一层移动，最上层的数据被读出，同时该数据就从堆栈内消失。

MRD 指令用来读出最上层的最新数据，此时堆栈内的数据不移动。

MPS、MRD、MPP 指令都是不带软元件的指令。MPS、MPP 必须成对使用，而且连续使用应少于 11 次。一层堆栈的编程实例如图 3-27 所示。

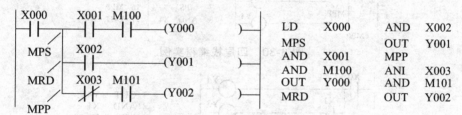

图 3-27　一层栈编程实例

使用 ANB、ORB 指令的一层栈编程实例如图 3-28 所示。

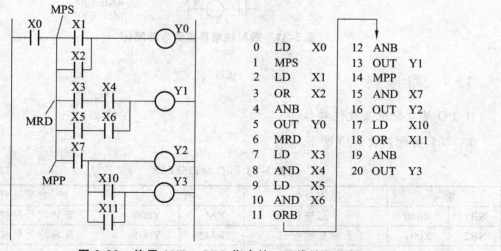

图 3-28　使用 ANB、ORB 指令的一层栈编程实例

二层栈的编程实例如图 3-29 所示。

```
LDI   X000      OUT   Y001
MPS             MPP
AND   X001      AND   X006
MPS             MPS
ANI   X002      AND   X007
AND   X003      AND   M100
OUT   Y000      OUT   Y002
MPP             MPP
AND   X004      AND   M101
AND   X005      OUT   Y003
```

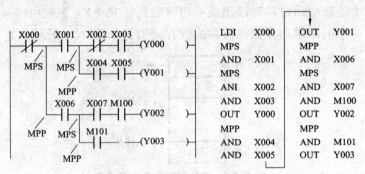

图 3-29　二层栈编程实例

四层栈的编程实例如图 3-30 所示。如果电路改变成如图 3-31 所示的梯形图，则编程就不必使用 MPS/MPP 指令了。

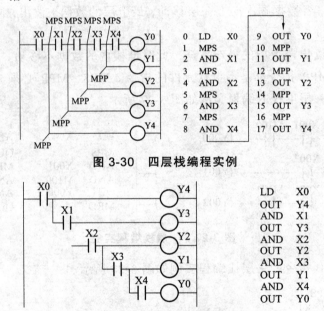

```
0  LD   X0     9  OUT  Y0
1  MPS         10 MPP
2  AND  X1     11 OUT  Y1
3  MPS         12 MPP
4  AND  X2     13 OUT  Y2
5  MPS         14 MPP
6  AND  X3     15 OUT  Y3
7  MPS         16 MPP
8  AND  X4     17 OUT  Y4
```

图 3-30　四层栈编程实例

```
LD    X0
OUT   Y4
AND   X1
OUT   Y3
AND   X2
OUT   Y2
AND   X3
OUT   Y1
AND   X4
OUT   Y0
```

图 3-31　四层栈编程实例电路简化

3.5.4　项目实施

1. I/O 端口分配及硬件接线

I/O 端口分配如表 3-13 所示。

表 3-13　I/O 端口分配表

输入		功能说明	输出		功能说明
SB1	X000	停止按钮	KM1	Y000	正转运行用接触器
SB2	X001	正转启动按钮	KM2	Y001	反转运行用接触器
SB3	X002	反转启动按钮			

外部硬件接线如图 3-32 所示。

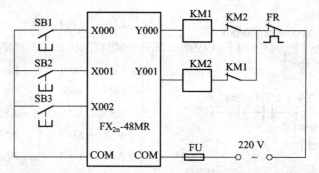

图 3-32　笼型三相异步电动机正反转控制外部硬件接线图

2. PLC 软件的实现

用置位/复位指令 SET、RST 及堆栈指令 MPS、MRD、MPP 编程实现电动机正反转的 PLC
控制电路的梯形图程序，如图 3-33，图 3-34，图 3-35 所示。

方式一：利用"起-保-停"基本电路实现。

LD	X001		LD	X002
OR	Y000		OR	Y001
ANI	X000		ANI	X000
ANI	X002		ANI	X001
ANI	Y001		ANI	Y000
OUT	Y000		OUT	Y001
			END	

图 3-33　PLC 控制三相异步电动机正反转运行电路方式一

方式二：利用置位/复位指令（SET、RST）基本电路实现。

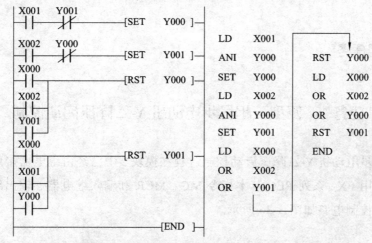

LD	X001		
ANI	Y000	RST	Y000
SET	Y000	LD	X000
LD	X002	OR	X002
ANI	Y000	OR	Y000
SET	Y001	RST	Y001
LD	X000	END	
OR	X002		
OR	Y001		

图 3-34　PLC 控制三相异步电动机正反转运行电路方式二

方式三：利用堆栈指令（MPS、MRD、MPP）基本电路实现。

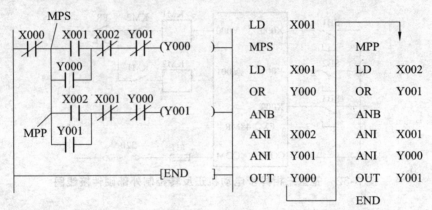

图 3-35　PLC 控制三相异步电动机正反转运行电路方式三

项目 3.6　MC、MCR 指令的应用

3.6.1　项目目标

【知识目标】

掌握主控及主控复位指令 MC、MCR。

【技能目标】

能够利用所掌握的主控及主控复位指令 MC、MCR 编写有公共串联触点的梯形图，并能将其应用于 Y-△降压启动控制及十字路口交通灯控制等项目中；能够熟练运用 FX 系列 PLC 的编程软件，能独立完成 PLC 的外部硬件接线。

3.6.2　项目任务

任务 1　笼型三相异步电动机 Y-△降压启动控制

笼型三相异步电动机 Y-△降压启动控制过程在模块 2 中已经由继电器接触器控制系统实现，这里要求利用 FX$_{2n}$ 系列 PLC 基本指令 MC、MCR 和输入继电器、输出继电器和辅助继电器编程实现。控制电路如图 3-36 所示。

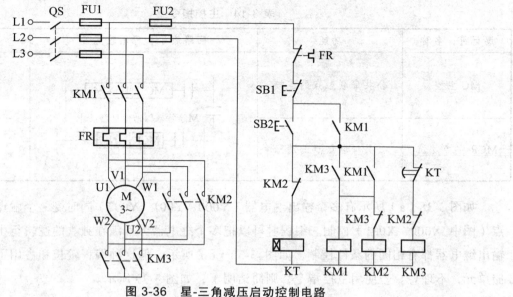

图 3-36　星-三角减压启动控制电路

任务2　十字路口交通灯控制

当启动开关合上后，东西绿灯亮 25 s 后闪烁 3 s 后灭（3 次，每次亮、暗 0.5 s），黄灯亮 2 s 灭，红灯亮 30 s，绿灯亮……，依次循环；对应南北红灯亮 30 s，接着绿灯亮 25 s 后闪烁 3 s 灭（3 次，每次亮、暗 0.5 s），黄灯亮 2 s 后，红灯又亮……，依次循环。按停止按钮 SB2，所有信号灯都熄灭。如图 3-37 所示。

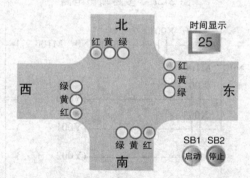

图 3-37　十字路口交通灯控制系统示意图

3.6.3　相关基本指令

编程时，经常会遇到许多线圈同时受一个或一组触点控制的情况，如果在每个线圈的控制电路中都串入同样的触点，将占用很多存储单元，主控指令可以解决这一问题。使用主控制指令的触点称为主控触点，它在梯形图中与一般的触点垂直，主控制触点是控制一组电路的总开关。主控指令如表 3-14 所示。

表 3-14 主控指令

助记符，名称	功能	回路表示和可用软元件	程序步
MC 主控	公共串联触点的连接	MC N Y,M M除特殊辅助继电器以外	3
MCR 主控复位	公共串联触点的清除	MCR N	2

如图 3-38（a）所示有多个输出继电器（Y000、Y001、Y002）同时受一个触点或一组触点（图中 X000、X001）控制。编程时可以把多个继电器分别编在独立的逻辑行中，而每个输出继电器都有相同的条件控制，如图 3-38（b）所示。但这种编程较长和占用了较多的存储单元，不理想。若使用主控指令，则简洁明了，如图 3-39 所示。

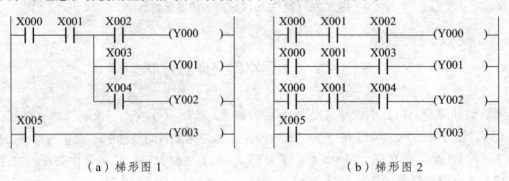

（a）梯形图 1   （b）梯形图 2

图 3-38　多路输出电路

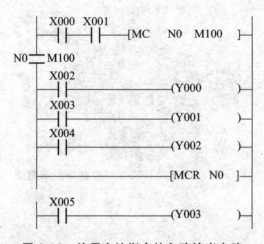

图 3-39　使用主控指令的多路输出电路

MC、MCR 指令使用说明：

（1）MC 指令用于公共串联触点的连接，执行 MC 后，左母线移到主控触点的后面。MCR 指令是 MC 指令的复位指令，它使母线回到原来的位置。

（2）MC 和 MCR 是一对指令，必须成对使用。在 MC 主控触点后面的电路均由 LD 或 LDI 开始。

（3）特殊用途辅助继电器不能用作 MC 指令的操作元件。

（4）允许 MC 指令内再用 MC（MC 嵌套最大 8 级）。套级 N 的编号顺序（从 N0 ～ N7），且用 MCR 层层返回。

3.6.4 项目实施

任务 1　笼型三相异步电动机 Y-△ 降压启动控制

1. I/O 端口分配及硬件接线

I/O 端口分配如表 3-15 所示。

表 3-15　I/O 端口分配表

输入		功能说明	输出		功能说明
SB1	X001	停止按钮	KM1	Y001	电源接触器
SB2	X002	启动按钮	KM2	Y002	电动机定子绕组 △ 连接接触器
			KM3	Y003	电动机定子绕组 Y 连接接触器

外部硬件接线如图 3-40 所示。

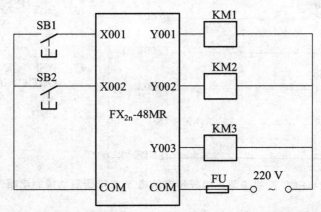

图 3-40　笼型三相异步电动机 Y-△ 降压启动控制外部硬件接线图

2. PLC 软件的实现

用触点串联和并联指令编程（见图 3-41）及主控指令（见图 3-42）实现控制电路的梯形图程序如下。

方式一：用触点串联和并联指令编程实现。

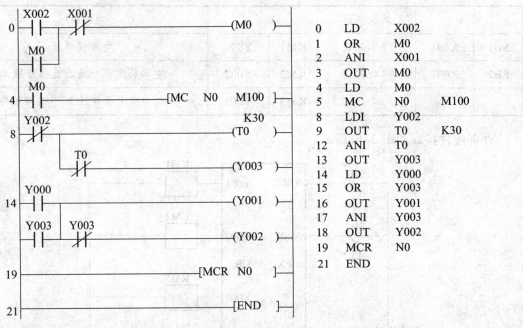

图 3-41　PLC 控制笼型三相异步电动机 Y-△ 降压启动控制电路方式一

方式二：用主控及主控复位指令指令编程实现。

0	LD	X002
1	OR	M0
2	ANI	X001
3	OUT	M0
4	LD	M0
5	MC	N0	M100
8	LDI	Y002
9	OUT	T0	K30
12	ANI	T0
13	OUT	Y003
14	LD	Y000
15	OR	Y003
16	OUT	Y001
17	ANI	Y003
18	OUT	Y002
19	MCR	N0
21	END

图 3-42　PLC 控制笼型三相异步电动机 Y-△ 降压启动控制电路方式二

任务 2　十字路口交通灯控制

1.I/O 端口分配及硬件接线

I/O 端口分配如表 3-16 所示。

表 3-16　I/O 端口分配表

输入		功能说明	输出		功能说明
SB1（K0 代替，带锁）	X000	停止按钮	Y0	Y0	东西绿灯
SB2（K1 代替，带锁）	X001	启动按钮	Y1	Y1	东西黄灯
			Y2	Y2	东西红灯
			Y3	Y3	南北绿灯
			Y4	Y4	南北黄灯
			Y5	Y5	南北红灯

外部硬件线如图 3-43 所示。

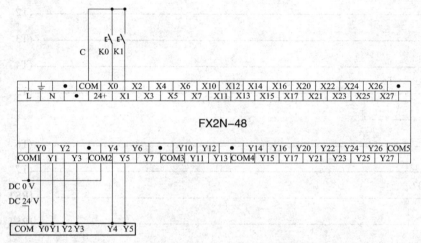

图 3-43　十字路口交通灯 PLC 控制外部硬件接线图

2. PLC 软件的实现

用主控指令实现控制电路的梯形图程序，如图 3-44，图 3-45 所示。

0	LD	X000		34	OUT	T5	K5	67	OUT	Y001
1	OR	M100		37	LD	T5		68	LDI	T7
2	ANI	X001		38	OUT	T6	K5	69	AND	T3
3	OUT	M100		41	LD	C1		70	OUT	Y002
4	LDI	T7		42	OUT	T7	K20	71	LD	T3
5	AND	M100		45	LD	M8002		72	ANI	T4
6	MC	N0	M110	46	OR	T7		73	LD	T5
9	LD	M100		47	RST	C0		74	ANI	C1
10	OUT	T0	K250	49	RST	C1		75	ORB	
13	LD	T0		51	LD	T2		76	OUT	Y003
14	OR	C0		52	OUT	C0	K3	77	LD	C1
15	ANI	T2		55	LD	T6		78	ANI	T7
16	OUT	T1	K5	56	OUT	C1	K3	79	OUT	Y004
19	LD	T1		59	LD	M100		80	LD	M100
20	OUT	T2	K5	60	ANI	T0		81	ANI	T3
23	LD	C0		61	LD	T1		82	OUT	Y005
24	OUT	T3	K20	62	ANI	C0		83	MCR	N0
27	LD	T3		63	ORB			85	END	
28	OUT	T4	K250	64	OUT	Y000				
31	LD	T4		65	LD	C0				
32	ANI	T6		66	ANI	T3				
33	OR	C1								

图 3-44　十字路口交通灯 PLC 控制指令表

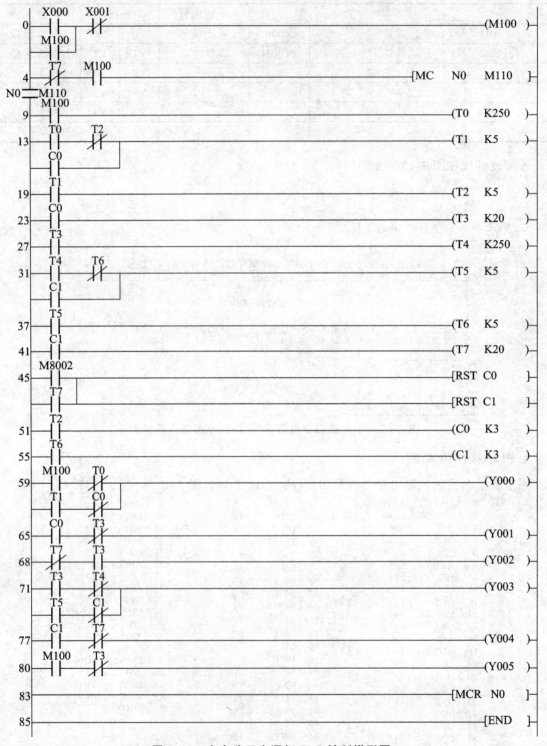

图 3-45　十字路口交通灯 PLC 控制梯形图

项目 3.7 PLS、PLF、INV、NOP 指令的应用

3.7.1 项目目标

【知识目标】

掌握微分输出 PLS、PLF 指令，取反 INV 指令、空操作指令 NOP。

【技能目标】

能够识读并分析由微分输出 PLS、PLF 指令，取反 INV 指令，空操作指令 NOP 编写的梯形图，并能将这些基本指令其应用于两台电机过程控制的项目中；能够熟练运用 FX 系列 PLC 的编程软件，能独立完成相关的 PLC 外部硬件接线。

3.7.2 项目任务

控制要求：两台电机 M1 和 M2 能同时启动和同时停止，并能分别启动和分别停止，这里要求利用 FX$_{2n}$ 系列 PLC 基本指令 PLS、PLF、INV、NOP 指令和输入继电器、输出继电器与辅助继电器编程实现。如图 3-46 所示。

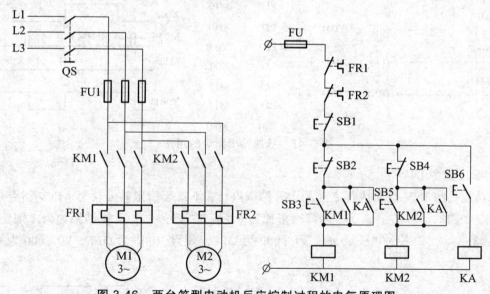

图 3-46 两台笼型电动机反应控制过程的电气原理图

3.7.3 相关基本指令

1. 微分 PLS、PLF 指令

PLS，上升沿微分输出指令，它使操作元件在输入信号上升沿，产生一个扫描周期的脉冲输出（软元件 Y、M 动作）。PLF，下降沿微分输出指令，它使操作元件在输入信号下降沿，

113

产生一个扫描周期的脉冲输出（软元件 Y、M 动作）。微分指令 PLS、PLF 的功能、梯形图表示、可用软元件、所占的程序步如表 3-17 所示。

表 3-17 PLS、PLF 指令

助记符，名称	功能	回路表示和可用软元件		程序步
PLS 上升沿脉冲	上升沿微分输出	┤├──[PLS｜Y,M]	除特殊的 M 以外	1
PLF 下降沿脉冲	下降沿微分输出	┤├──[PLF｜Y,M]	除特殊的 M 以外	1

PLS、PLF 指令使用说明：

（1）PLS、PLF 指令不能应用于输入继电器 X、状态继电器 S 和特殊型辅助继电器 M。

（2）脉冲输出指令和边沿检测指令的功能相同，但使用时，后者较前者简单方便。

脉冲输出指令的用法如图 3-47 所示。

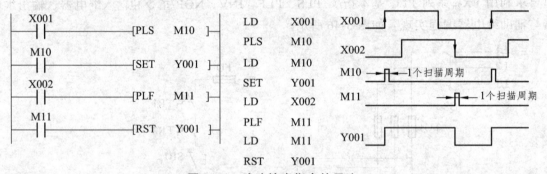

图 3-47 脉冲输出指令的用法

2. 取反指令 INV

其功能是将 INV 指令执行之前的运算结果取反，不需要指定软元件号。INV 指令是将执行该指令之前的运算结果取反，运算结果如为 0，则将它变为 1；运算结果如为 1 则变为 0。如图 3-48 所示，如果 X001 为 ON，则 Y000 为 OFF；如果 X001 为 OFF，则 Y000 为 ON。

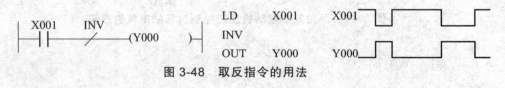

图 3-48 取反指令的用法

取反指令 INV 使用说明：

（1）INV 指令不能像 LD、LDI、LDP、LDF 那样与母线单独直接连接，即前面必须有输入量；也不能像 OR、ORI、ORP、ORF 那样单独并联使用。

（2）INV 指令不需要指定操作目标元件号。

（3）在能输入 AND、ANI、ANDP、ANDF 指令步的相同位置处，可编写 INV 指令。

3. 空操作指令 NOP

NOP 指令表示空操作指令，程序中仅作空操作运行，无任何动作输出。PLC 中如果程序全部清零后，所有的指令都会变成 NOP。此外，编制程序时，若程序中加入适当的空操作指令，在变更程序或修改程序时，可以减少步序号的变化。

3.7.4 项目实施

1. I/O 端口分配及硬件接线

I/O 端口分配如表 3-18 所示。

表 3-18　I/O 端口分配表

输入		功能说明	输出		功能说明
SB1	X001	M1，M2 同时停止	KM1	Y001	控制电动机 M1
SB2	X002	M1 单独停止	KM2	Y002	控制电动机 M2
SB3	X003	M1 单独启动			
SB4	X004	M2 单独停止			
SB5	X005	M2 单独启动			
SB6	X006	M1，M2 同时启动			

外部硬件接线如图 3-49 所示。

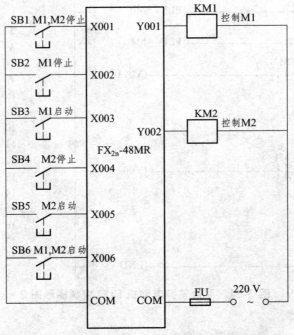

图 3-49　两台笼型电动机控制电路外部硬件接线图

2. PLC 软件的实现

用微分输出 PLS、PLF 指令，取反 INV 指令、空操作指令 NOP 实现控制电路的梯形图程序，如图 3-50，图 3-51 所示。

方式一：LD、OR、ANI、OUT 指令编程实现。

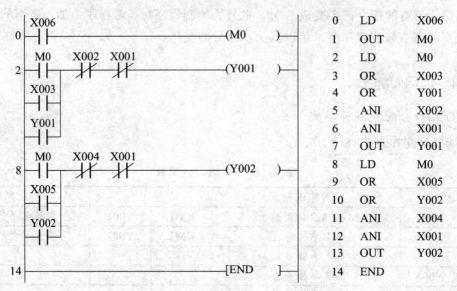

0	LD	X006
1	OUT	M0
2	LD	M0
3	OR	X003
4	OR	Y001
5	ANI	X002
6	ANI	X001
7	OUT	Y001
8	LD	M0
9	OR	X005
10	OR	Y002
11	ANI	X004
12	ANI	X001
13	OUT	Y002
14	END	

图 3-50　两台笼型电动机 PLC 控制梯形图 1

方式二：微分输出 PLS、PLF 指令，取反 INV 指令编程实现。

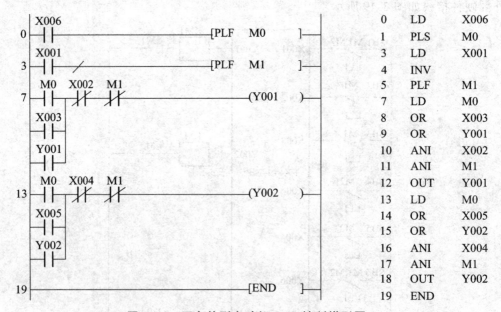

0	LD	X006
1	PLS	M0
3	LD	X001
4	INV	
5	PLF	M1
7	LD	M0
8	OR	X003
9	OR	Y001
10	ANI	X002
11	ANI	M1
12	OUT	Y001
13	LD	M0
14	OR	X005
15	OR	Y002
16	ANI	X004
17	ANI	M1
18	OUT	Y002
19	END	

图 3-51　两台笼型电动机 PLC 控制梯形图 2

模块 4　FX₂ₙ 系列 PLC 步进顺控指令的应用

项目 4.1　单流程的状态转移编程方法

4.1.1　项目目标

【知识目标】

理解状态编程思想，掌握步进顺控指令及编程方法，掌握顺序功能图的组成要素和基本结构。

【技能目标】

能够根据工艺控制要求编制单流程的状态转移图和步进梯形图；能够熟练运用 FX 系列 PLC 的编程软件绘制 SFC 图，能独立完成 PLC 的外部硬件接线。

4.1.2　项目任务

任务 1　电动机 M1~M4 顺序启动和停止控制

某剪板机动示意图如图 4-1 所示。控制要求：采用定时器控制电动机 M1~M4 按顺序启动，以相反顺序停止，电动机 M1~M4 由接触器 KM1~KM4 控制。电动机 M1 启动 2 s 后启动 M2，M2 启动 3 s 后启动 M3，M3 启动 4 s 后启动 M4。停止时以相反的顺序，即按下停止按钮，M4 停止，M4 停止 4 s 后 M3 停止，M3 停止 3 s 后 M2 停止，M2 停止 2 s 后 M1 停止。请以单流程为基础设计状态转移图，并给出其控制过程的步进梯形图和指令表。

任务 2　自动剪板机

某剪板机动作示意图如图 4-1 所示。送料由电动机驱动；压钳的下行和复位由液压电磁阀 YV1 和 YV3 控制；剪刀的下行（剪切）和复位由液压电磁阀 YV2 和 YV4 控制；SQ1~SQ5 为限位开关。控制要求：当压钳和剪刀在原位（即压钳在上限位 SQ1 处，剪刀在上限位 SQ2 处），按下启动按钮后，电动机送料，板料右行至 SQ3 处停→压钳下行→至 SQ4 处将板料压紧，剪刀下行剪板→板料剪断落至 SQ5 处，压钳和剪刀上行复位，至 SQ1、SQ2 处回到原位，等待下次再启动。

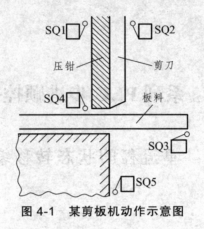

图 4-1　某剪板机动作示意图

任务3　液体混合装置控制系统

如图 4-2 所示，上限位，下限位和中限位液位传感器被液位淹没时为 ON。A、B、C 为电磁阀，线圈通电时打开，线圈断电时关闭。

控制要求：开始时容器是空的，各阀门均关闭，各传感器均为 OFF。按下启动按钮（X3）后，打开阀 A。液体 A 流入容器，中限位开关变为 ON 时，关闭阀 A，打开阀 B，液体 B 流入容器。当液面到达上限位开关时，关闭阀 B，电机 M 开始运行，搅动液体，6 s 后停止搅动，打开阀 C，放出混合液，当液面下降至下限位开关之后再过 2 s，容器放空，关闭阀 C，打开阀 A，又开始下一周期的操作。按下停止按钮（X4），在当前工作周期的操作结束后，停止操作（停在初始状态）。

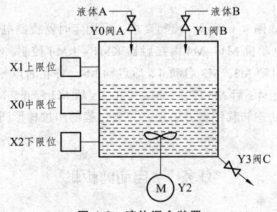

图 4-2　液体混合装置

4.1.3　项目编程的相关知识

1. 状态编程思想

用梯形图或指令表方式编程虽然广为电气技术人员接受，但对于一个复杂的控制系统，尤其是顺序控制系统，由于内部的联锁、互动关系极其复杂，处理起来较麻烦，而且其梯形图往往长达数百行，通常要由熟练的电气工程师才能编制出这样的程序。另外，如果在梯形图上不加注释，则这种梯形图的可读性也会大大降低，很难从梯形图中看出具体的控制工艺过程。而采用步进指令来实现顺序控制过程，其控制程序简单且容易修改，使顺序控制的实现过程更加方便。

所谓顺序控制，就是按照生产工艺预先规定的顺序，在各个输入信号的作用下，根据内部状态和时间的顺序，在生产过程中各个执行机构自动、有序地进行操作。近年来，许多新生产的 PLC 在梯形图语言之外还加上了采用 IEC 标准的 SFC（Se-quential Function Chart）语言，用于编制复杂的顺控程序。利用这种先进的编程方法，寻求一种易于构思，易于理解的图形程序设计工具。它应有流程图的直观，又有利于复杂控制逻辑关系的分解与综合，即使是初学者也很容易编制出复杂的顺控程序。熟练的电气工程师用了这种方法后也能大大提高工作效率。另外，这种方法也为调试、试运行带来许多的方便。

三菱的小型 PLC 在基本逻辑指令之外增加了两条简单的步进顺控指令，同时辅之以大量状态元件，就可以用 SFC 语言的状态转移图方式编程。在介绍状态编程思想之前，先来讨论一个例子：小车自动往返系统。

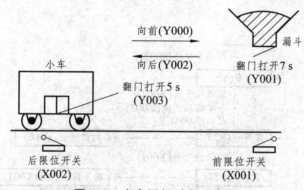

图 4-3　小车运行过程示意图

小车运行过程如图 4-3 所示。小车原位处于后端，压下后限位开关（X002），当合上启动开关（X004）时，小车前进；当运行至压下前限位开关（X001）后，手动操作按钮 X006 接通，打开漏斗翻门卸下货物，延时 7 s 后小车向后运行；到后端时压下后限位开关（X002），当手动合上操作按钮（X007）后，打开小车底门，将小车中货物取下，5 s 后自动关闭小车翻门，完成一次动作过程。假设漏斗车工作一个周期后，不会自行启动。其梯形图如图 4-4 所示：

从图 4-4 中可以看到，梯形图达到了控制要求。但显而易见的是，使用基本指令编制的程序存在一些问题：工艺动作表达繁琐；梯形图涉及的联锁关系较复杂，处理起来较麻烦；梯形图可读性差，很难从梯形图中看出具体控制工艺过程。

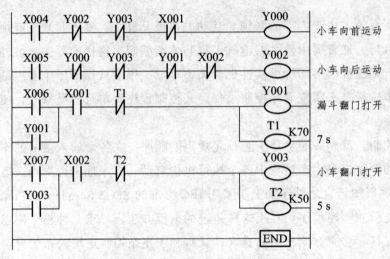

图 4-4　小车手动控制运行的梯形图程序

为此，人们一直寻求一种易于构思，易于理解的图形程序设计工具。它应有流程图的直观，又有利于复杂控制逻辑关系的分解与综合，这种图就是状态转移图。为了说明状态转移图，现将斗车的各个工作步骤用工序表示，并依工作顺序将工序连接成如图 4-5 所示流程，这就是状态转移图的原型。如果将图中的"工序"更换为"状态"，就得到了状态转移图。

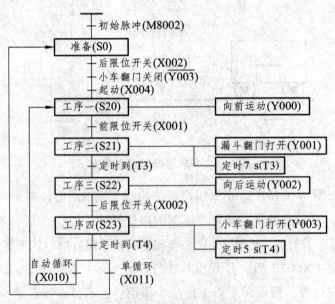

图 4-5　小车运动顺序控制状态转移图

在 PLC 中，每个状态用 PLC 中的状态软元件（状态继电器）表示。FX$_{2n}$ 系列 PLC 内部的状态继电器的分类、编号、数量及用途如表 4-1 所示。

表 4-1　FX$_{2n}$系列 PLC 状态继电器一览表

类别	状态继电器号	数量（点）	功能说明
初始化状态继电器	S0 ~ S9	10	初始化
返回状态继电器	S10 ~ S19	10	用于 IST 指令时原点回归用
普通型状态继电器	S20 ~ S499	480	用于 SFC 的中间状态
掉电保持型状态继电器	S500 ~ S899	400	具有停电记忆功能，停电后再启动，可继续执行
诊断、报警用状态继电器	S900 ~ S999	100	用于故障诊断或报警

如图 4-5 所示小车顺序运动控制中，S0 表示初始状态，S20 ~ S23 分别代表工序一至工序四的状态，其顺序控制工作过程如下：

（1）PLC 运行时，M8002 脉冲信号驱动初始状态 S0。

（2）当启动按钮 X004 接通，小车处于后限位位置（X002 = ON），小车翻门关闭（Y003 = OFF），工作状态从 S0 转移到 S20。

（3）状态 S20 驱动后，输出 Y000 接通，小车向前运动，直至前限位（X001 = ON），工作状态从 S20 转移到 S21。

（4）状态 S21 驱动后，输出 Y001 接通，漏斗翻门打开，同时定时器 T3 接通，7 s 后，定时器 T3 触点接通，工作状态从 S21 转移到 S22。

（5）状态 S22 驱动后，输出 Y002 接通，小车向后运动，直至后限位（X002 = ON），工作状态从 S22 转移到 S23。

（6）状态 S23 驱动后，输出 Y003 接通，小车翻门打开，同时定时器 T4 接通，5 s 后，定时器 T4 触点接通。此时，如果小车运行工作方式处于单循环方式（X011 接通），工作状态从 S23 转移到 S0，小车回到原初始状态，等待启动按钮重新按下，开始第二次循环；如果小车运行工作方式处于自动循环方式（X010 接通），工作状态从 S23 转移到 S20，小车重复（3）~（6）的工作过程。

从以上具体的例子中不难看出，状态转移编程的基本思想是：一个顺序控制过程可以分为若干个状态。状态与状态之间由转换分隔，相邻的状态具有不同的动作，当相邻两状态之间的转换条件得到满足时，就实现状态的转换，即上一个状态动作结束而下一状态的动作开始。状态转移图（SFC）就是描述这一过程的方框图。状态转移图具有简单、直观的特点，是设计 PLC 顺序控制程序的一种有力的工具。

2. 状态转移图的结构类型

状态转移图 SFC 根据步与步之间的转换情况，可以分为以下几种结构类型。

单流程：状态转移只有一种顺序，它是状态转移的基本形式，整个流程中没有分支，动作不断重复，如图 4-6（a）所示。带跳转与重复的单流程，对于跳转与重复等的分离状态用 OUT 指令编程。

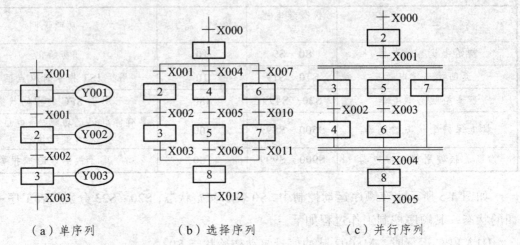

（a）单序列　　　　　（b）选择序列　　　　　（c）并行序列

图 4-6　状态转移图的基本结构类型

选择性分支与汇合：从多个流程顺序中选择执行某一个流程，根据不同的条件执行后面的状态步称为可选择分支。编程原则是先集中处理分支状态，然后再集中处理汇合状态，如图 4-6（b）所示。FX$_{2n}$ 系列 PLC 一条选择性分支的支路数不能超过 8 条，初始状态对应有多条选择性分支时，每个初始状态的支路总数不能超过 16 条。

并行分支与汇合：多个分支流程可以同时执行的分支流程。当一个分支条件成立时，几条分支同时进行。用" = "画出，同时执行后再用" = "同时汇合，如图 4-6（c）所示。FX$_{2n}$ 系列 PLC 并行分支的支路数不能超过 8 条，初始状态对应有多条并行分支时，每个初始状态的支路总数不能超过 16 条。

3. 绘制状态转移图时的注意事项

（1）步与步之间必须用一个转换条件隔开，转换条件与转换条件之间必须用一个步隔开，都不能够直接相连。

（2）每个状态转移图通常至少有一个初始步，一般使用状态继电器 S0 ~ S9 表示，用双框线表示。初始步一般对应于系统等待启动的初始状态，它没有输出，但这一步是不可缺少的，否则系统将会无法回到停止状态。

（3）工作步一般使用状态继电器 S20 ~ S499，用单线框表示。需要在停电恢复后保持断电前运行状态的，可使用断电保持功能的状态继电器 S500 ~ S899。

（4）在状态转移图中，只有某一步的前级步是活动步时，该步才有可能变成活动步。初始步在循环序列中可以由其他工作步驱动，但运行开始必须用初始脉冲 M8002 的常开触点作为转换条件，将初始步预置为活动步。

（5）状态转移图中的每一步都有三个功能，即驱动本步负载、状态转移条件、指定转换目标。如图 4-5 中的 S21 步，驱动的负载为 Y001，指定的转移条件为 T3，指定的转换目标为 S22。

4. 单流程状态转移编程步骤

单流程的顺控系统是顺序功能图中最为简单的一种，其编程的一般步骤如下：

（1）根据控制要求，列出 PLC 的 I/O 地址分配表。

（2）将整个工作过程按照工作步序进行分解，每个工作步序对应一步，将整个工作过程分为若干步。

（3）理解每一个步骤的功能和作用，即负载驱动的部分，找出每一步的转换条件和转换目标。

（4）根据以上的分析，画出控制系统的状态转移图（SFC 图），并根据 SFC 图编制梯形图和指令表。

5. 步进顺控指令

在 FX_{2n} 系列 PLC 中只有两条步进指令，STL（步进开始指令）和 RET（步进结束指令）。FX_{2n} 系列 PLC 的步进梯形指令是采用步进梯形图编制顺序控制状态转移图程序的指令，它包括 STL 和 RET 两条指令。其中，步进梯形指令 STL 是利用内部状态软元件，在顺控程序上进行工序步进控制的指令；返回 RET 指令是表示状态流程结束，用于返回主程序的指令。如表 4-2 所示。

表 4-2　步进梯形指令 STL、RET

助记符，名称	功能	回路表示和可用软元件	程序步
STL 步进梯形指令	步进梯形图开始	S——|STL|—|—◯—	1
RET 返回	步进梯形图结束	—[RET]—	1

每个状态提供了三个功能：驱动处理、转移条件及相继状态。如在状态 S20，驱动接通输出 Y000，当转移条件 X001 接通后，工作状态从 S20 转移到相继状态 S21，状态 S20 自动复位。状态 S 具有触点的功能（驱动输出线圈或相继的状态）以及线圈的功能（在转移条件下被驱动）。步进顺控指令的具体使用说明如下：

（1）对状态处理，编程时必须使用步进梯形指令 STL。STL 触点是与左侧母线相连的常开触点，STL 触点接通，则对应的状态为活动步，与 STL 触点相连的触点用 LD 或 LDI 指令。

（2）程序的最后必须使用步进结束指令 RET，返回左母线。

（3）STL 触点可直接驱动或通过别的触点驱动 Y、M、S、T、C 等元件的线圈。

（4）PLC 只执行活动步对应的电路，所以使用 STL 指令时允许双线圈输出，但同一个定时器不能在相邻状态器中使用。

（5）STL 触点驱动的电路块中不能使用 MC 和 MCR 指令，但可以用 CJ 指令（不推荐）。

（6）在中断程序和子程序内，不能使用 STL 指令。

（7）状态在转移过程中，两个状态器有一个扫描周期是同时接通的，为避免不能同时接通的两个输出同时驱动，应设置必要的内外部互锁。

（8）在 SFC 图中，状态号不能重复使用。

（9）状态编程顺序为：先进行驱动，再进行转移，不能颠倒。

（10）若为顺序不连续转移，不能使用 SET 指令进行状态转移，应改用 OUT 指令进行状态转移。

（11）初始状态可由其他状态驱动，但运行开始时必须用其他方法外部驱动，否则状态流程不可能向下进行。一般用系统的初始条件，若无初始条件，可用 M8002（PLC 从 STOP →RUN 切换时的初始脉冲）进行驱动。而一般状态器只能被状态器驱动，不能被外部信号所驱动。

（12）需在停电恢复后继续原状态运行时，应使用停电保持状态元件。

6. 状态转移图与步进梯形图的转换

顺序控制程序有三种表达方式：状态转移图（SFC）、步进梯形图（STL）、指令表。这三者之间可以相互转换，其控制的实质内容也是一样的。如图 4-7 所示为实现同一控制程序的 SFC 图、STL 图和指令表。利用个人计算机和专用的编程软件可进行 SFC 图编程，在计算机上编好的 SFC 图程序通过接口以指令的形式传送给可编程序控制器的程序存储器中，由 PLC 运行此程序实现控制，也可以将 SFC 图人工转化为步进梯形图，再写成指令表，由简易编程器送到 PLC 程序存储器中。

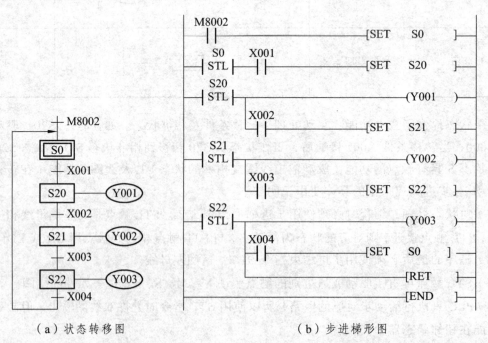

（a）状态转移图　　　　　　　　　（b）步进梯形图

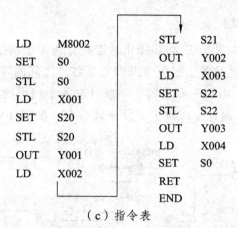

LD	M8002		STL	S21
SET	S0		OUT	Y002
STL	S0		LD	X003
LD	X001		SET	S22
SET	S20		STL	S22
STL	S20		OUT	Y003
OUT	Y001		LD	X004
LD	X002		SET	S0
			RET	
			END	

（c）指令表

图 4-7 同一控制程序的 SFC 图、STL 图和指令表

4.1.4 项目实施

任务 1 电动机 M1～M4 顺序启动和停止控制

1. I/O 端口分配及硬件接线

由控制要求可确定 PLC 需要 2 个输入点，4 个输出点，其 I/O 端口分配表如表 4-3 所示，外部硬件接线如图 4-8 所示。

表 4-3 I/O 端口分配表

输入		功能说明	输出		功能说明
SB1	X000	启动按钮	KM1	Y000	电动机 M1 的控制
SB2	X001	停止按钮	KM2	Y001	电动机 M2 的控制
			KM3	Y002	电动机 M3 的控制
			KM4	Y003	电动机 M4 的控制

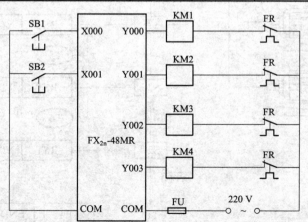

图 4-8 电动机 M1～M4 顺序启动和停止控制外部硬件接线图

2. PLC 软件编程的实现

经分析，电动机 M1～M4 顺序启动和停止过程共分为 1 个初始步和 8 个状态步，启动按钮 X000 和停止按钮 X001 以及各定时器常开触点是各步之间的转换条件。M8002 是脉冲信号，在 PLC 由 STOP 转为"RUN"状态时，该脉冲在一个扫描周期内为"ON"状态，用该脉冲去激活初始状态器 S0，由此可以画出其状态转移图，如图 4-9 所示。

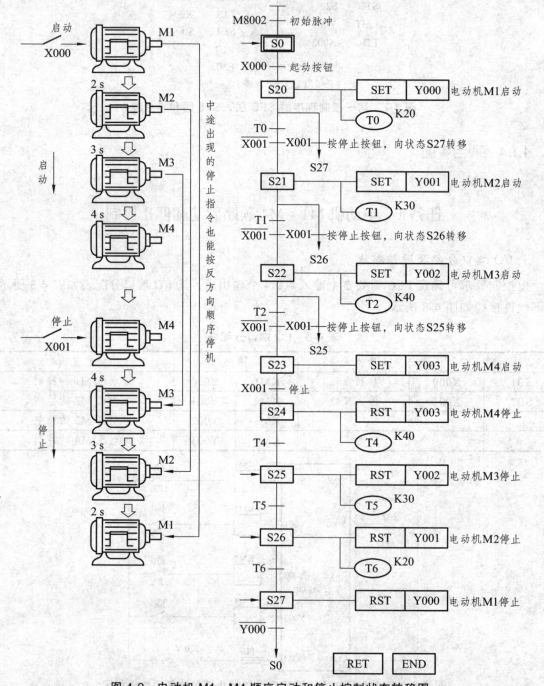

图 4-9　电动机 M1～M4 顺序启动和停止控制状态转移图

其对应的步进梯形图和指令表如图 4-10 所示。

```
        M8002
0  ──┤├──────────────────────────────────────────[SET   S0   ]─
        S0    X000
3  ──┤STL├──┤├────────────────────────────────────[SET   S20  ]─
        S20
7  ──┤STL├──────────────────────────────────────────[SET   Y000 ]─

                                                    (T0    K20  )
        T0    X001
12 ────┤├──┤/├────────────────────────────────────[SET   S21  ]─
        X001
16 ────┤├──────────────────────────────────────────[SET   S27  ]─
        S21
19 ──┤STL├──────────────────────────────────────────[SET   Y001 ]─

                                                    (T1    K30  )
        T1    X001
24 ────┤├──┤/├────────────────────────────────────[SET   S22  ]─
        X001
28 ────┤├──────────────────────────────────────────[SET   S26  ]─
        S22
31 ──┤STL├──────────────────────────────────────────[SET   Y002 ]─

                                                    (T2    K40  )
        T2    X001
36 ────┤├──┤/├────────────────────────────────────[SET   S23  ]─
        X001
40 ────┤├──────────────────────────────────────────[SET   S25  ]─
        S23
43 ──┤STL├──────────────────────────────────────────[SET   Y003 ]─
        X001
45 ────┤├──────────────────────────────────────────[SET   S24  ]─
        S24
48 ──┤STL├──────────────────────────────────────────[RST   Y003 ]─

                                                    (T4    K40  )
        T4
53 ────┤├──────────────────────────────────────────[SET   S25  ]─
        S25
56 ──┤STL├──────────────────────────────────────────[RST   Y002 ]─

                                                    (T5    K30  )
        T5
61 ────┤├──────────────────────────────────────────[SET   S26  ]─
        S26
64 ──┤STL├──────────────────────────────────────────[RST   Y001 ]─

                                                    (T6    K20  )
        T6
69 ────┤├──────────────────────────────────────────[SET   S27  ]─
        S27
72 ──┤STL├──────────────────────────────────────────[RST   Y000 ]─
        Y000
74 ────┤/├──────────────────────────────────────────[SET   S0   ]─

77 ──────────────────────────────────────────────────[RST       ]─

78 ──────────────────────────────────────────────────[END       ]─
```

（a）步进梯形图

127

0	LD	M8002		40	LD	X001	
1	SET	S0		41	SET	S25	
3	STL	S0		43	STL	S23	
4	LD	X000		44	SET	Y003	
5	SET	S20		45	LD	X001	
7	STL	S20		46	SET	S24	
8	SET	Y000		48	STL	S24	
9	OUT	T0	K20	49	RST	Y003	
12	LD	T0		50	OUT	T4	K40
13	ANI	X001		53	LD	T4	
14	SET	S21		54	SET	S25	
16	LD	X001		56	STL	S25	
17	SET	S27		57	RST	Y002	
19	STL	S21		58	OUT	T5	K30
20	SET	Y001		61	LD	T5	
21	OUT	T1	K30	62	SET	S26	
24	LD	T1		64	STL	S26	
25	ANI	X001		65	RST	Y001	
26	SET	S22		66	OUT	T6	K20
28	LD	X001		69	LD	T6	
29	SET	S26		70	SET	S27	
31	STL	S22		72	STL	S27	
32	SET	Y002		73	RST	Y000	
33	OUT	T2	K40	74	LDI	Y000	
36	LD	T2		75	SET	S0	
37	ANI	X001		77	RET		
38	SET	S23		78	END		

（b）指令表

图 4-10　电动机 M1～M4 按顺序启动，相反顺序停止控制程序

任务 2　自动剪板机

1. I/O 端口分配及硬件接线

由控制要求确定自动剪板机的执行元件状态表和 I/O 端口分配表，如表 4-4，表 4-5 所示，外部硬件接线如图 4-11 所示。

表 4-4　剪板机执行元件状态表

动作	执行元件				
	KM	YV1	YV2	YV3	YV4
送料	1	0	0	0	0
压钳下行	0	1	0	0	0
压钳压紧，剪刀剪切	0	1	1	0	0
压钳复位，剪刀复位	0	0	0	1	1

表 4-5　I/O 端口分配

输入		功能说明	输出		功能说明
SB	X0	启动按钮	KM	Y0	电动机控制用接触器
SQ1	X1	限位开关 SQ1	YV1	Y1	压钳的下行液压电磁阀 YV1

输入		功能说明	输出		功能说明
SQ2	X2	限位开关 SQ2	YV2	Y2	剪刀的剪切液压电磁阀 YV2
SQ3	X3	限位开关 SQ3	YV3	Y3	压钳的复位液压电磁阀 YV3
SQ4	X4	限位开关 SQ4	YV4	Y4	剪刀的复位液压电磁阀 YV4
SQ5	X5	限位开关 SQ5			

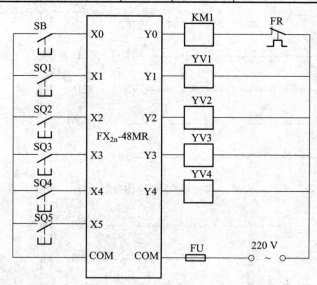

图 4-11　自动剪板机控制系统外部硬件接线图

2. PLC 软件编程的实现

经分析，自动剪板机顺序启动和停止过程共分为 1 个初始步和 4 个状态步，启动按钮 X0 和各行程开关的常开触点是各步之间的转换条件。根据动作状态和控制要求编制的状态转移图如图 4-12 所示，步进梯形图和指令表如图 4-13 所示。

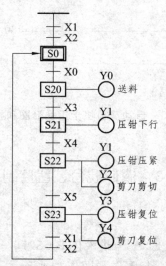

图 4-12　某剪板机 SFC 图

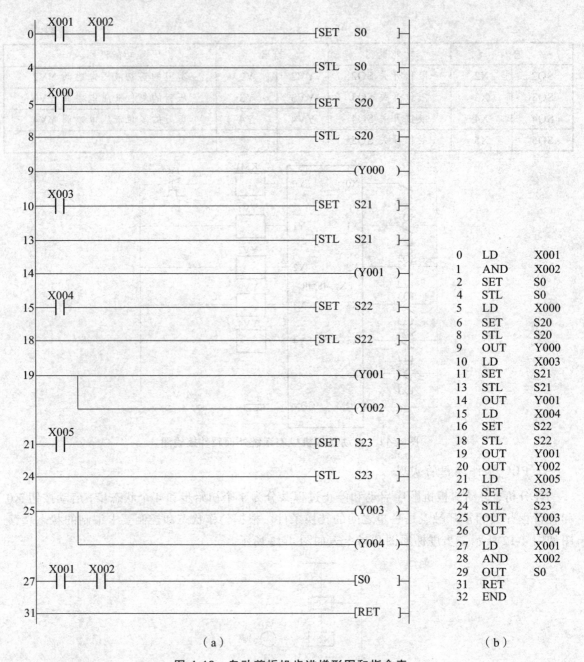

0	LD	X001
1	AND	X002
2	SET	S0
4	STL	S0
5	LD	X000
6	SET	S20
8	STL	S20
9	OUT	Y000
10	LD	X003
11	SET	S21
13	STL	S21
14	OUT	Y001
15	LD	X004
16	SET	S22
18	STL	S22
19	OUT	Y001
20	OUT	Y002
21	LD	X005
22	SET	S23
24	STL	S23
25	OUT	Y003
26	OUT	Y004
27	LD	X001
28	AND	X002
29	OUT	S0
31	RET	
32	END	

（a）　　　　　　　　　　　　　（b）

图 4-13　自动剪板机步进梯形图和指令表

任务 3　液体混合装置控制系统

系统的顺序控制过程：

初始状态（S0）→进液体 A（S20）→进液体 B（S21）→搅拌（S22）→放混合液（S23），按照控制要求其 SFC 图、指令表、梯形图如图 4-14 所示。

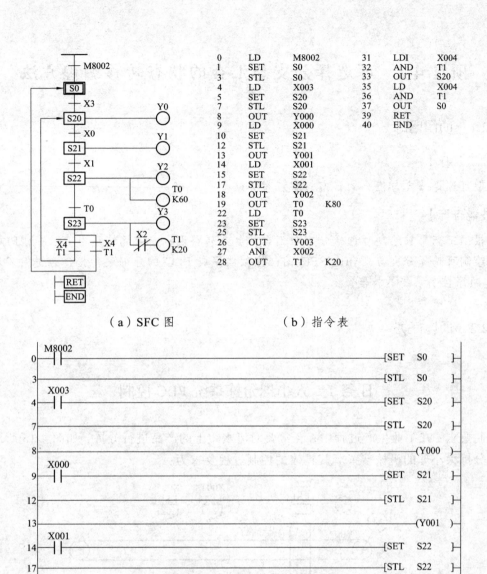

0	LD	M8002	31	LDI	X004
1	SET	S0	32	AND	T1
3	STL	S0	33	OUT	S20
4	LD	X003	35	LD	X004
5	SET	S20	36	AND	T1
7	STL	S20	37	OUT	S0
8	OUT	Y000	39	RET	
9	LD	X000	40	END	
10	SET	S21			
12	STL	S21			
13	OUT	Y001			
14	LD	X001			
15	SET	S22			
17	STL	S22			
18	OUT	Y002			
19	OUT	T0	K80		
22	LD	T0			
23	SET	S23			
25	STL	S23			
26	OUT	Y003			
27	ANI	X002			
28	OUT	T1	K20		

（a）SFC 图 （b）指令表

（c）步进梯形图

图 4-14　液体混合装置的状态图、指令表和梯形图

131

项目 4.2   可选择分支与汇合的状态转移编程方法

4.2.1   项目目标

【知识目标】

掌握可选择分支与汇合的状态转移编程方法。

【技能目标】

会根据工艺要求绘制可选择分支与汇合的状态转移图；能够熟练运用 FX 系列 PLC 的编程软件绘制可选择分支与汇合的 SFC 图；能独立完成 PLC 的外部硬件接线，进一步增强设计 PLC 顺序控制系统的技能。

4.2.2   项目任务

任务 1   大小球分拣系统 PLC 控制

控制要求：在工业生产过程中，经常要对流水线上的产品进行分拣，如图 4-15 所示为用于自动分拣大小球的机械装置。其具体的控制过程要求为：

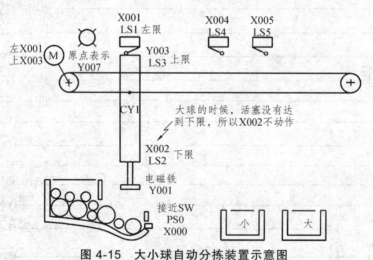

图 4-15   大小球自动分拣装置示意图

（1）使用传送带，将大、小球分类选择传送。

（2）左上方为原点，传送机械的动作顺序为下降、吸住、上升、右行、下降、释放、上升、左行。

（3）机械臂下降，当电磁铁压着大球时，下限位开关 LS2（X002）断开；压着小球时，LS2 导通。

此控制流程根据 LS2 的状态（即对应大、小球）有两个分支，此处应为分支点，且属于选择性分支。分支在机械臂下降之后若 LS2 接通，则将小球吸住、上升、右行到 LS4（小球位置 X004 动作），然后再释放、上升、左移到原点。分支在机械臂下降之后若 LS2 断开，则将大球吸住、上升、右行到 LS5（大球位置 X005 动作）处下降，然后再释放、上升、左移到原点。此处应为汇合点。状态转移图中有两个分支，若吸住的是小球，则 X002 为 ON，执行左侧流程；若为大球，X002 为 OFF，执行右侧流程。

任务 2 小车送料系统

工艺要求：小车在 A、B 间正向行使（前进）和反向行使（后退），如图 4-16 所示。当小车前进到 B 处时停止，延时 10 s 后返回到 A 处停止后立即返回。在 A、B 两处分别装有限位开关，当按下停止按钮，小车停在 A、B 之间的任一位置。

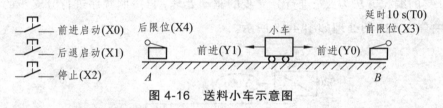

图 4-16 送料小车示意图

4.2.3 项目编程的相关知识

如图 4-17 所示是一个可选择分支与汇合实例，它具有三个分支。其中，S20 为分支步（即其后有多个分支），根据不同的转换条件（X000、X010、X020），可以选择执行其中一个条件满足的分支。

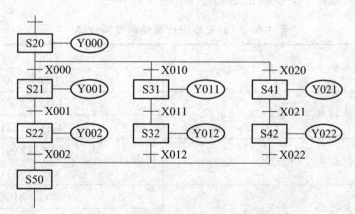

图 4-17 可选择分支与汇合状态转移图

当 X000 为 ON 时，执行图 4-18（a）；当 X010 为 ON 时，执行图 4-18（b）；当 X020 为

ON 时，执行图 4-18（c）。

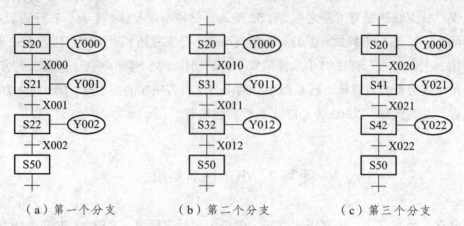

（a）第一个分支　　　　（b）第二个分支　　　　（c）第三个分支

图 4-18　选择分支的分解图

1. 选择分支的编程方法

选择分支的编程方法为：先进行分支步的驱动处理，再按照顺序进行分支步的转换处理。对图 4-17 中分支 S20 的处理如图 4-19 所示。

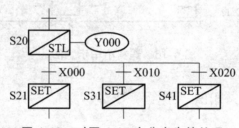

图 4-19　对图 4-17 中分支步的处理

根据选择分支的编程方法，首先对 S20 进行驱动处理（OUT Y000），然后按照 S21、S31、S41 的顺序进行转换处理。对应的指令表程序如表 4-6 所示。

表 4-6　对分支步进行驱动和转换处理

分支步的驱动处理	STL　S20
	OUT　Y000
转换到第一个分支	LD　　X000
	SET　S21
转换到第二个分支	LD　　X010
	SET　S31
转换到第三个分支	LD　　X020
	SET　S41

2. 选择分支汇合的编程方法

选择分支汇合的编程方法为：先进行合并前各步的处理，再按顺序进行合并的转换处理。对图 4-17 中合并以及合并前各步执行情况的处理，如图 4-20 所示。

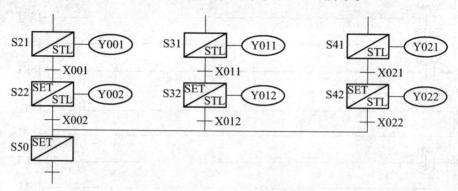

图 4-20　对图 4-17 中合并步的处理

根据选择分支汇合的编程方法，一次对 S21、S22、S31、S32、S41、S42 进行驱动处理，对应的指令表程序如表 4-7 所示。

表 4-7　合并前对各分支进行驱动处理

第一个分支的驱动处理	第二个分支的驱动处理	第三个分支的驱动处理
STL　S21	STL　S31	STL　S41
OUT　Y001	OUT　Y011	OUT　Y021
LD　X001	LD　X011	LD　X021
SET　S22	SET　S32	SET　S42
STL　S22	STL　S32	STL　S42
OUT　Y002	OUT　Y012	OUT　Y022

然后按照 S22（第一个分支）、S32（第二个分支）、S42（第三个分支）的顺序向 S50 进行转换处理，对应的指令表如表 4-8 所示。与图 4-17 所示选择分支相对应的步进梯形图如图 4-21 所示。

表 4-8　对各分支进行合并转换处理

第一个分支向 S50 转换	第二个分支向 S50 转换	第三个分支向 S50 转换
STL　S22	STL　S32	STL　S42
LD　X002	LD　X012	LD　X022
SET　S50	SET　S50	SET　S50

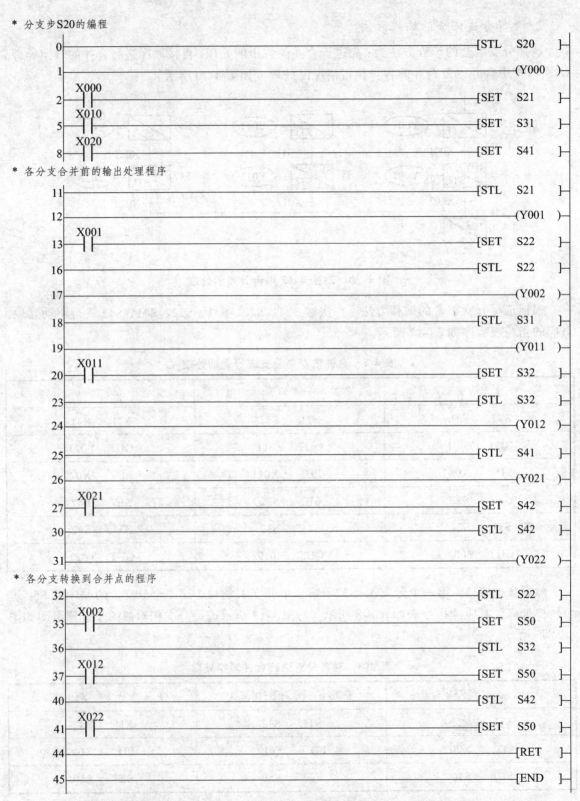

* 分支步S20的编程

0		[STL S20]
1		(Y000)
2	X000	[SET S21]
5	X010	[SET S31]
8	X020	[SET S41]

* 各分支合并前的输出处理程序

11		[STL S21]
12		(Y001)
13	X001	[SET S22]
16		[STL S22]
17		(Y002)
18		[STL S31]
19		(Y011)
20	X011	[SET S32]
23		[STL S32]
24		(Y012)
25		[STL S41]
26		(Y021)
27	X021	[SET S42]
30		[STL S42]
31		(Y022)

* 各分支转换到合并点的程序

32		[STL S22]
33	X002	[SET S50]
36		[STL S32]
37	X012	[SET S50]
40		[STL S42]
41	X022	[SET S50]
44		[RET]
45		[END]

图 4-21　与图 4-17 所示选择序列相对应的步进梯形图

4.2.4 项目实施

任务 1 大小球分拣系统 PLC 控制

1. I/O 端口分配及硬件接线

I/O 端口分配如表 4-9 所示。

表 4-9 I/O 端口分配表

输入		功能说明	输出	功能说明
SB1	X000	启动按钮	Y000	机械臂下降
SB2	X007	停止按钮	Y001	吸球电磁阀
SQ1	X001	左限位开关	Y002	机械臂上升
SQ2	X002	下限位开关	Y003	机械臂右移
SQ3	X003	上限位开关	Y004	机械臂左移
SQ4	X004	小球右限位开关	Y007	原点指示灯
SQ5	X005	大球右限位开关		

　　根据大小球分拣系统的控制要求，本项目所用的器件有：启动按钮 SB1、停止按钮 SB2、限位开关 5 个，输入/输出端口的接线情况如图 4-22 所示。

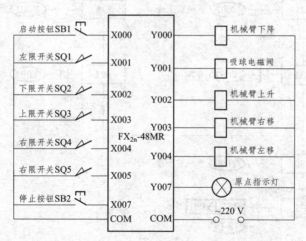

图 4-22 大小球分拣系统的输入/输出接线图

2. PLC 软件编程的实现

　　经分析，系统一旦上电，PLC 软件程序进入的初始步是 S0。当机械臂处在起始位置时，左限位开关 SQ1（X001）和上限位开关 SQ3（X003）均闭合，因此，上电后原点指示灯（Y007）亮。当按下启动按钮 SB1（X000）时，辅助继电器 M0 接通。

　　当机械臂处在原点位置和按下启动按钮 SB1（X000）两个条件都满足时，S21 置 1。系统进入 S21，驱动 Y000，使机械臂下降，并用定时器 T0 计时 2 s 后，机械臂停止下降。

如果电磁铁碰到的是小球，下限位开关 SQ2（X002）闭合，进入步 S22，电磁阀（Y001）将小球吸住，定时器 T1 计时 1 s 后，进入步 S23，机械臂开始上升（Y002），当上升到上限位开关 SQ3（X003）时，进入步 S24，机械臂开始右移（Y003），当右移碰到右限位开关 SQ4（X004）时，机械臂停止右移。

如果电磁铁碰到的是大球，下限位 SQ2（X002）断开，进入步 S25，电磁阀（Y001）将大球吸住，定时器 T1 计时 1 s 后，进入步 S26，机械臂开始上升（Y002），当上升到上限位开关 SQ3（X003）时，进入步 S27，机械臂开始右移（Y003），当右移碰到右限位开关 SQ5（X005）时，机械臂停止右移。

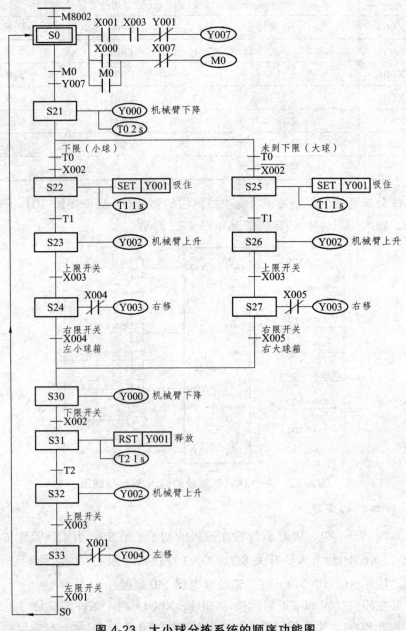

图 4-23　大小球分拣系统的顺序功能图

此后进入步 S30，机械臂开始下降（Y000），当下降碰到下限位开关 SQ2（X002）时，机械臂停止下降，进入步 S31，开始释放电磁阀（Y001），定时器 T2 计时 1 s 后，进入步 S32，机械臂开始上升（Y002），当上升到上限位开关 SQ3（X003）时，进入步 S33，机械臂开始左移（Y004），当左移碰到左限位开关 SQ1（X001）时，工作步又重新转换到 S0。结束此次过程，开始新的循环。

当按下停止按钮 SB2（X007）时，辅助继电器 M0 失电，系统执行一轮后，将停留在初始步 S0，等待按下启动按钮 SB1（X000），开始新一轮的运行。其顺序功能如图 4-23 所示。

要强调的是，此状态转移图的绘制分为两块，第一块为梯形图块，第二块为 SFC 块，如图 4-24 所示。请读者在学习和实践的过程中要特别注意。

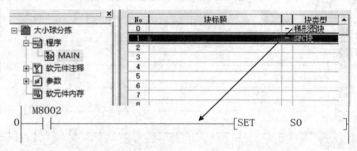

图 4-24　大小球分拣 SFC 图绘制示例

根据选择分支先集中处理分支步，再集中合并步的编程原则，大小球分拣系统具体执行的步进梯形图如图 4-25 所示，指令如图 4-26 所示。

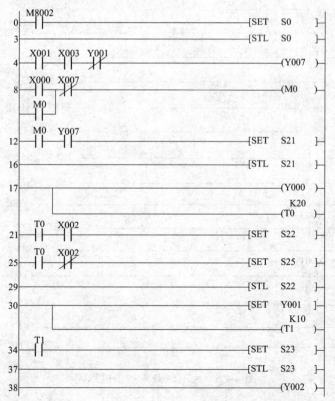

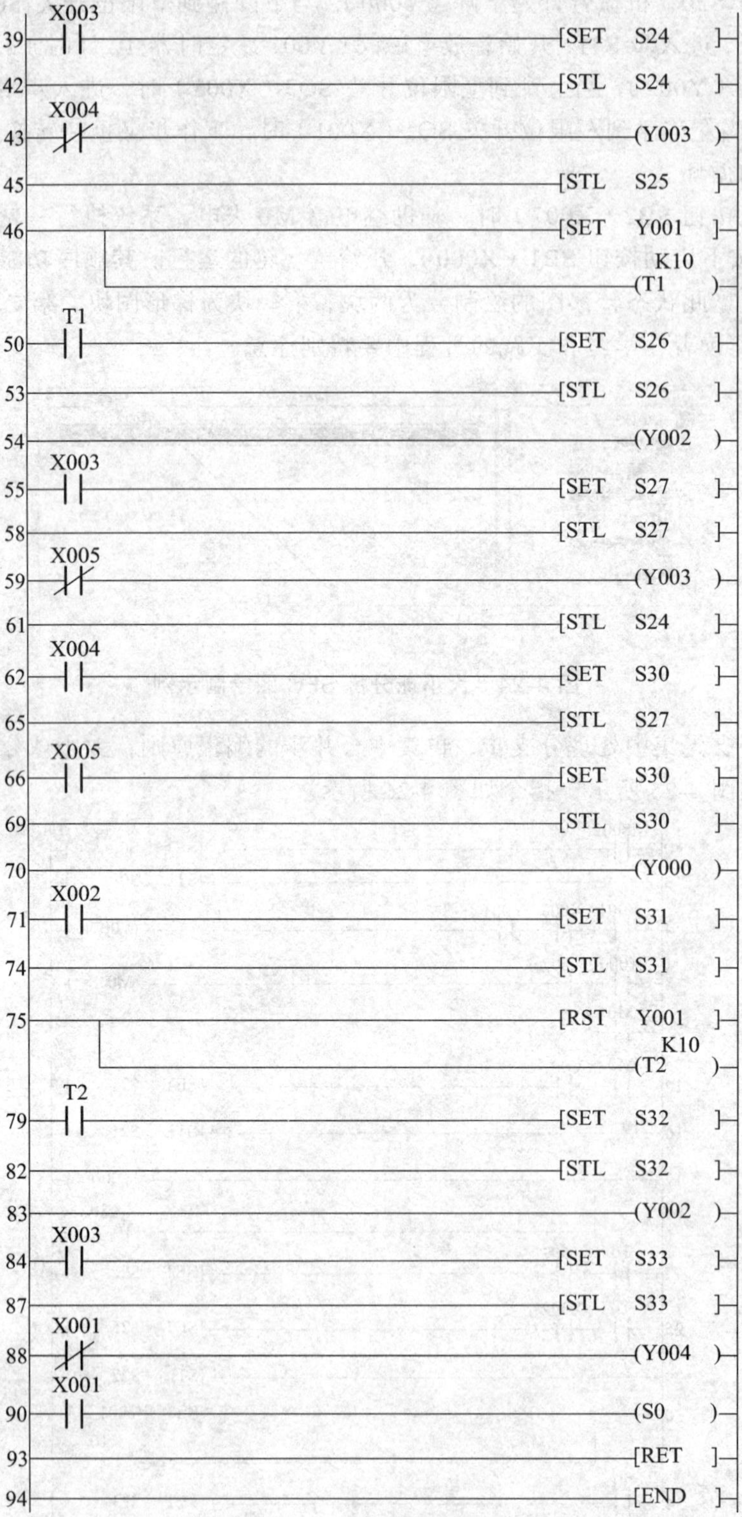

```
39  ┤X003├────────────────────────────[SET    S24  ]

42  ────────────────────────────────────[STL    S24  ]

        X004
43  ──┤/├──────────────────────────────(Y003  )

45  ────────────────────────────────────[STL    S25  ]

46  ────────────────────────────────────[SET    Y001 ]
                                              K10
                                          ────(T1   )

        T1
50  ──┤├──────────────────────────────[SET    S26  ]

53  ────────────────────────────────────[STL    S26  ]

54  ────────────────────────────────────(Y002  )

        X003
55  ──┤├──────────────────────────────[SET    S27  ]

58  ────────────────────────────────────[STL    S27  ]

        X005
59  ──┤/├──────────────────────────────(Y003  )

61  ────────────────────────────────────[STL    S24  ]

        X004
62  ──┤├──────────────────────────────[SET    S30  ]

65  ────────────────────────────────────[STL    S27  ]

        X005
66  ──┤├──────────────────────────────[SET    S30  ]

69  ────────────────────────────────────[STL    S30  ]

70  ────────────────────────────────────(Y000  )

        X002
71  ──┤├──────────────────────────────[SET    S31  ]

74  ────────────────────────────────────[STL    S31  ]

75  ────────────────────────────────────[RST    Y001 ]
                                              K10
                                          ────(T2   )

        T2
79  ──┤├──────────────────────────────[SET    S32  ]

82  ────────────────────────────────────[STL    S32  ]

83  ────────────────────────────────────(Y002  )

        X003
84  ──┤├──────────────────────────────[SET    S33  ]

87  ────────────────────────────────────[STL    S33  ]

        X001
88  ──┤/├──────────────────────────────(Y004  )
        X001
90  ──┤├──────────────────────────────(S0    )

93  ────────────────────────────────────[RET   ]

94  ────────────────────────────────────[END   ]
```

图 4-25　大小球分拣的步进形图

140

0	LD	M8002		51	OUT	Y002	
1	SET	S0		52	LD	X003	
3	STL	S0		53	SET	S27	
4	LD	X001		55	STL	S24	
5	AND	X003		56	LDI	X004	
6	ANI	Y001		57	OUT	Y003	
7	OUT	Y007		58	STL	S27	
8	LD	X000		59	LDI	X005	
9	OR	M0		60	OUT	Y003	
10	ANI	X007		61	STL	S24	
11	OUT	M0		62	LD	X004	
12	LD	M0		63	SET	S30	
13	AND	Y007		65	STL	S27	
14	SET	S21		66	LD	X005	
16	STL	S21		67	SET	S30	
17	OUT	Y000		69	STL	S30	
18	OUT	T0	K10	70	OUT	Y000	
21	LD	T0		71	LD	X002	
22	AND	X002		72	SET	S31	
23	SET	S22		74	STL	S31	
25	LD	T0		75	RST	Y001	
26	ANI	X002		76	OUT	T2	K10
27	SET	S25		79	LD	T2	
29	STL	S22		80	SET	S32	
30	SET	Y001		82	STL	S32	
31	OUT	T1	K10	83	OUT	Y002	
34	LD	T1		84	LD	X003	
35	SET	S23		85	SET	S33	
37	STL	S25		87	STL	S33	
38	SET	Y001		88	LDI	X001	
39	OUT	T1	K10	89	OUT	Y004	
42	LD	T1		90	LD	X001	
43	SET	S26		91	OUT	S0	
45	STL	S23		93	RET		
46	OUT	Y002		94	END		
47	LD	X003					
48	SET	S24					
50	STL	S26					

图 4-26 大小球分拣控制系统的指令表

任务 2 小车送料系统

1. I/O 端口分配及硬件接线

I/O 端口分配如表 4-10 所示。

表 4-10 I/O 端口分配表

输入		功能说明	输出		功能说明
SB1	X000	前进启动按钮 SB1	KM1	Y0	正转运行用交流接触器
SB2	X001	后退启动按钮 SB2	KM2	Y1	反转运行用交流接触器
SB3	X002	停止按钮			
SQ1	X003	前限位开关			
SQ2	X004	后限位开关			

外部硬件接线如图 4-27 所示。

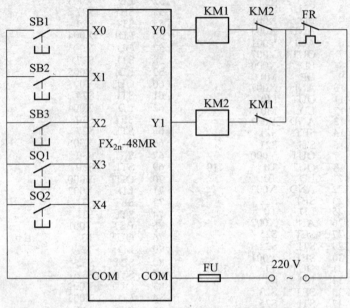

图 4-27 小车送料系统外部硬件接线图

2. PLC 软件编程的实现

采用三菱 GX-Developer 编程软件编制的 SFC 图如图 4-28 所示，步进梯形图如图 4-29 所示，指令表如图 4-30 所示。

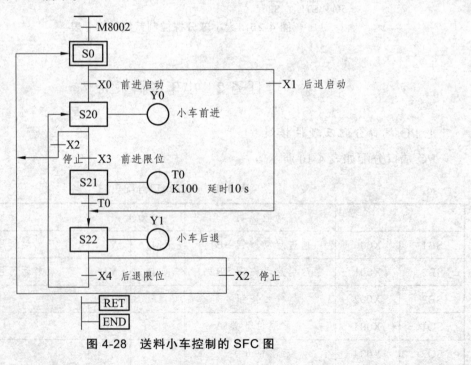

图 4-28 送料小车控制的 SFC 图

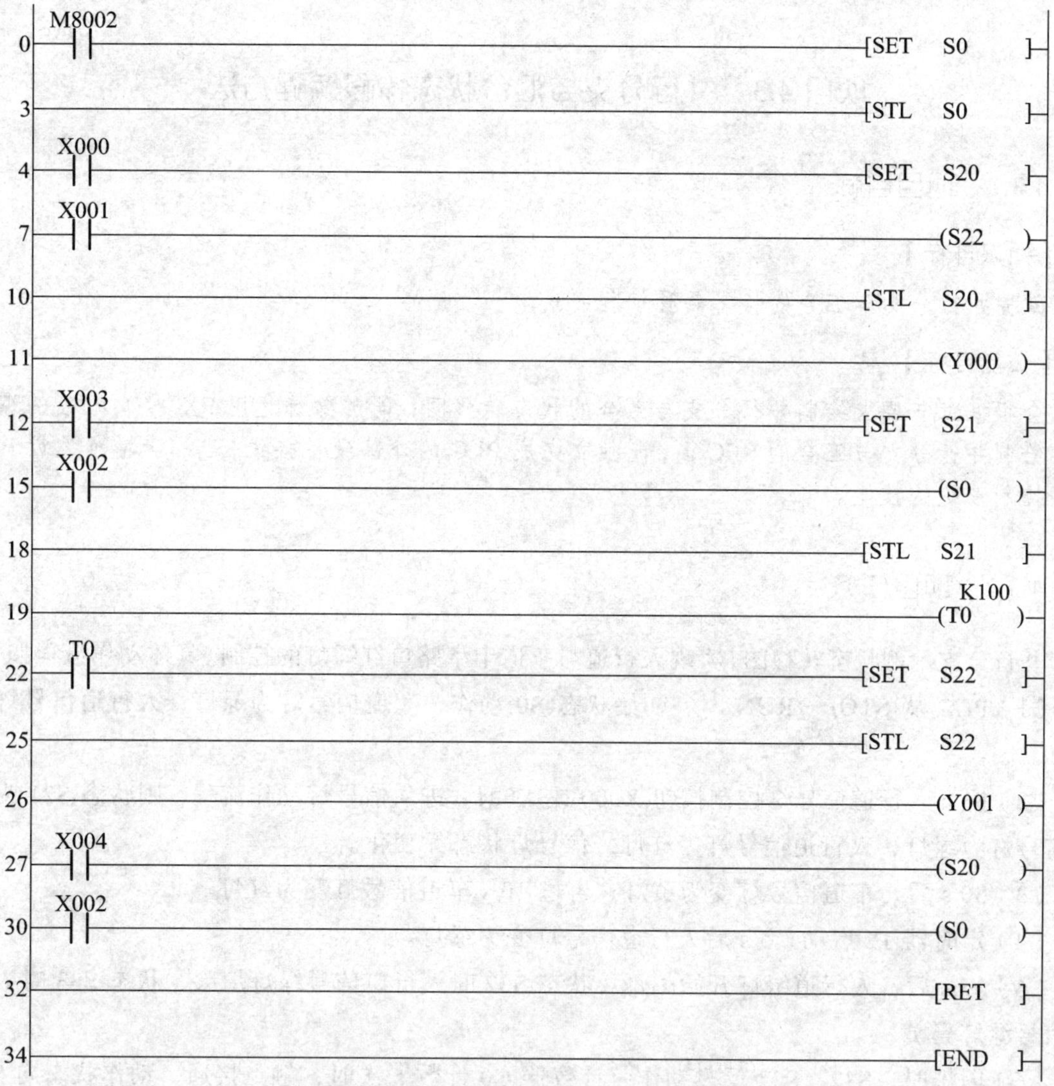

图 4-29 送料小车控制的步进梯形图

0	LD	M8002		18	STL	S21	
1	SET	S0		19	OUT	T0	K100
3	STL	S0		22	LD	T0	
4	LD	X000		23	SET	S22	
5	SET	S20		25	STL	S22	
7	LD	X001		26	OUT	Y001	
8	OUT	S22		27	LD	X004	
10	STL	S20		28	OUT	S20	
11	OUT	Y000		30	LD	X002	
12	LD	X003		31	OUT	S0	
13	SET	S21		33	RET		
15	LD	X002		34	END		
16	OUT	S0					

图 4-30 送料小车控制的指令表

143

项目 4.3　并行分支与汇合状态转移编程方法

4.3.1　项目目标

【知识目标】

掌握并行分支与汇合的状态转移编程方法。

【技能目标】

会根据工艺要求绘制并行分支与汇合的状态转移图；能够熟练运用 FX 系列 PLC 的编程软件绘制并行分支与汇合的 SFC 图，能独立完成 PLC 的外部硬件接线，进一步增强设计 PLC 顺序控制系统的技能。

4.3.2　项目任务

并行分支示例状态转移图，实现人行道与车道十字路口红绿灯的控制。具体动作流程如下：

（1）PLC 从 STOP→RUN 时，初始状态 S0 动作，车道信号灯为绿灯，人行道信号灯为红灯。

（2）按下人行道信号灯控制按钮 X000 或 X001，进入信号灯动作流程，则状态 S21 为车道信号灯为绿灯，人行道信号灯为红灯，信号灯状态无变化。

（3）30 s 后，车道信号灯变为黄灯；再过 10 s 车道信号灯变为红灯。

（4）定时器 T2 启动，5 s 后人行道信号灯变为绿灯。

（5）15 s 后，人行道绿灯开始闪烁（状态 S32 时人行道信号绿灯熄灭，状态 S33 时人行道信号绿灯亮）。

（6）闪烁时，S32、S33 反复动作，计数器 C0 计数 5 次时，触点接通，动作状态向 S34 转移，人行道信号灯变为红灯，5 s 后返回初始状态。

（7）在动作过程中，即使按下人行道信号灯控制按钮 X000 或 X001 也无效。

4.3.3　项目编程的相关知识

如图 4-31 所示是一个并行分支与汇合的实例，它具有三个分支。其中，S20 为分支步（即其后有多个分支），其后面有三个并行分支。一旦步 S20 的转换条件 X000 成立，三个分支就会同时开始执行。S50 为合并步，等三个分支全部执行结束时，一旦 X003 的执行条件成立，S50 就会被激活；若其中有一个分支没有执行完，S50 就不可能激活。

并行分支与汇合的编程原则是：先集中进行并行性分支的转换处理，然后处理每条分支的内容（见图 4-32），最后再集中进行合并处理。

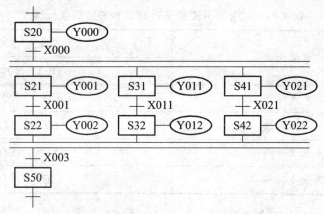

图 4-31　并行分支与汇合的状态转移图

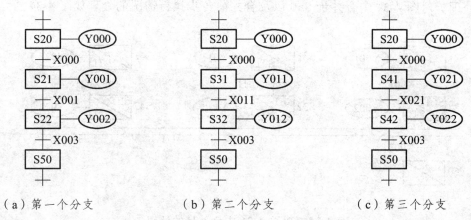

（a）第一个分支　　　　　（b）第二个分支　　　　　（c）第三个分支

图 4-32　并行分支与汇合的分解图

1. 并行分支处的编程方法

并行分支处的编程方法为：首先进行分支步的驱动处理，然后按分支顺序进行步的转换处理。对图 4-31 中分支步 S20 的处理如图 4-33 所示。

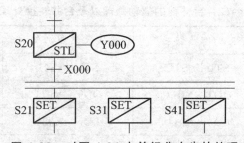

图 4-33　对图 4-31 中并行分支步的处理

由图 4-33 可知，S20 的驱动负载为 Y000，转换目标为 S21、S31、S41。根据并行分支处理的方法，应先进行 Y000 的输出处理，然后依次进行向 S21、S31、S41 的转换处理，对应的指令表如表 4-11 所示。

表 4-11　对并行分支步进行驱动和并行转换处理

分支步的驱动处理	STL　S20
	OUT　Y000
并行转换条件	LD　X000
向第一个分支转换	SET　S21
向第二个分支转换	SET　S31
向第三个分支转换	SET　S41

2. 并行分支合并的编程方法

并行分支合并的编程方法为：首先进行合并前各步的驱动处理，然后按顺序进行向合并步的转换处理。对图 4-31 中合并步 S50 以及合并前各步执行情况的处理如图 4-34 所示。

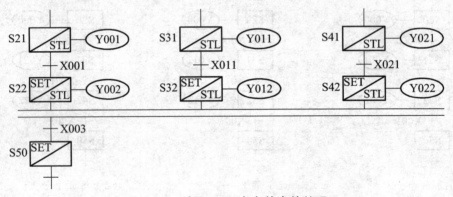

图 4-34　对图 4-31 中合并步的处理

根据并行序列合并的编程方法，应先进行合并前的驱动处理，即按照分支顺序依次对 S21、S22、S31、S32、S41、S42 进行驱动处理，然后按照 S22、S32、S42 的顺序向 S50 进行转换处理。对应的指令表程序如表 4-12 所示。

表 4-12　合并前的驱动处理以及合并转换处理

分支一的驱动处理	分支二的驱动处理	分支三的驱动处理	向 S50 的合并转换处理
STL　S21	STL　S31	STL　S41	STL　S22
OUT　Y001	OUT　Y011	OUT　Y021	STL　S32
LD　X001	LD　X011	LD　X021	STL　S42
SET　S22	SET　S32	SET　S32	LD　X003
STL　S22	STL　S32	STL　S32	SET　S50
OUT　Y002	OUT　Y012	OUT　Y022	

与图 4-31 所示的并行分支与汇合的步进梯形图如图 4-35 所示。

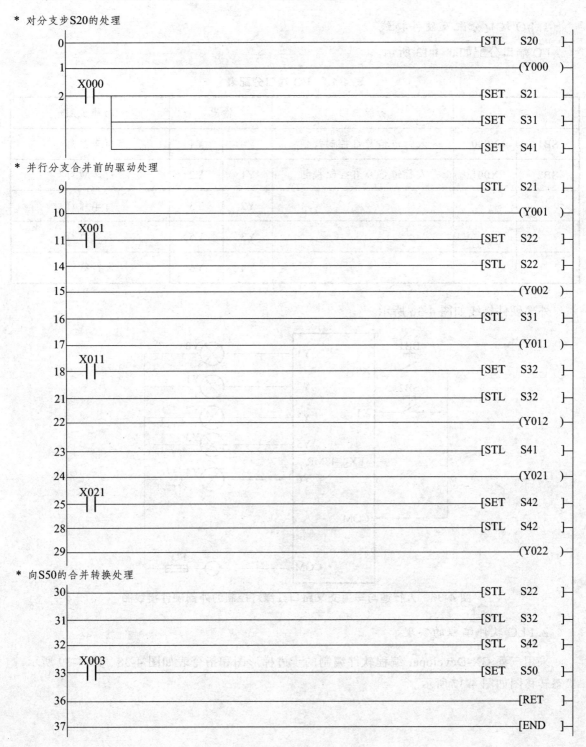

* 对分支步S20的处理

0		[STL S20]
1		(Y000)
2	X000	[SET S21]
		[SET S31]
		[SET S41]

* 并行分支合并前的驱动处理

9		[STL S21]
10		(Y001)
11	X001	[SET S22]
14		[STL S22]
15		(Y002)
16		[STL S31]
17		(Y011)
18	X011	[SET S32]
21		[STL S32]
22		(Y012)
23		[STL S41]
24		(Y021)
25	X021	[SET S42]
28		[STL S42]
29		(Y022)

* 向S50的合并转换处理

30		[STL S22]
31		[STL S32]
32		[STL S42]
33	X003	[SET S50]
36		[RET]
37		[END]

图 4-35 与图 4-31 所示并行序列相对应的步进梯形图

147

4.3.4 项目实施

1. I/O 端口分配及硬件接线

I/O 端口分配如表 4-13 所示。

表 4-13 I/O 端口分配表

输入		功能说明	输出		功能说明
SB1	X000	人行道信号灯控制按钮	Y0	Y1	行车红灯
SB2	X001	人行道信号灯控制按钮	Y1	Y2	行车黄灯
			Y2	Y3	行车绿灯
			Y3	Y5	人行红灯
			Y4	Y6	人行绿灯

外部硬件接线如图 4-36 所示。

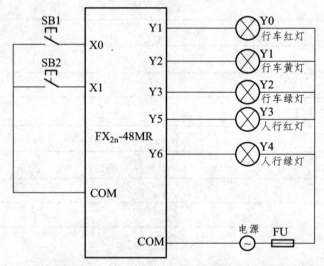

图 4-36 人行道与车道交叉路口红绿灯控制的外部硬件接线图

2. PLC 软件编程的实现

采用三菱 GX-Developer 编程软件编制的步进梯形图和指令表如图 4-38、图 4-39 所示，状态转移图如图 4-37 所示。

148

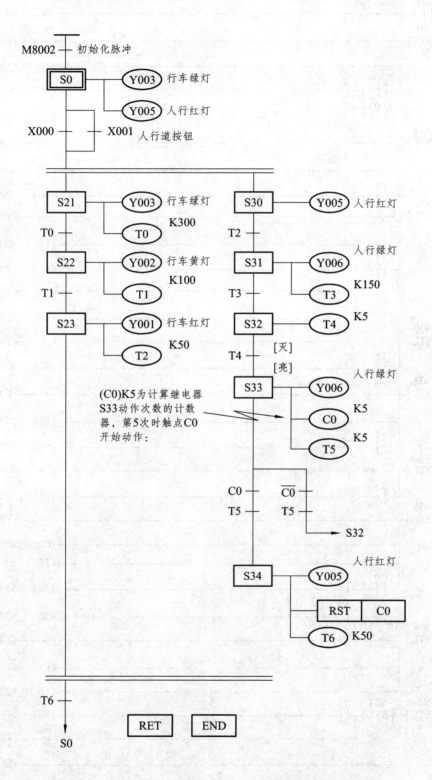

图 4-37　人行道与车道交叉路口红绿灯控制的状态转移图

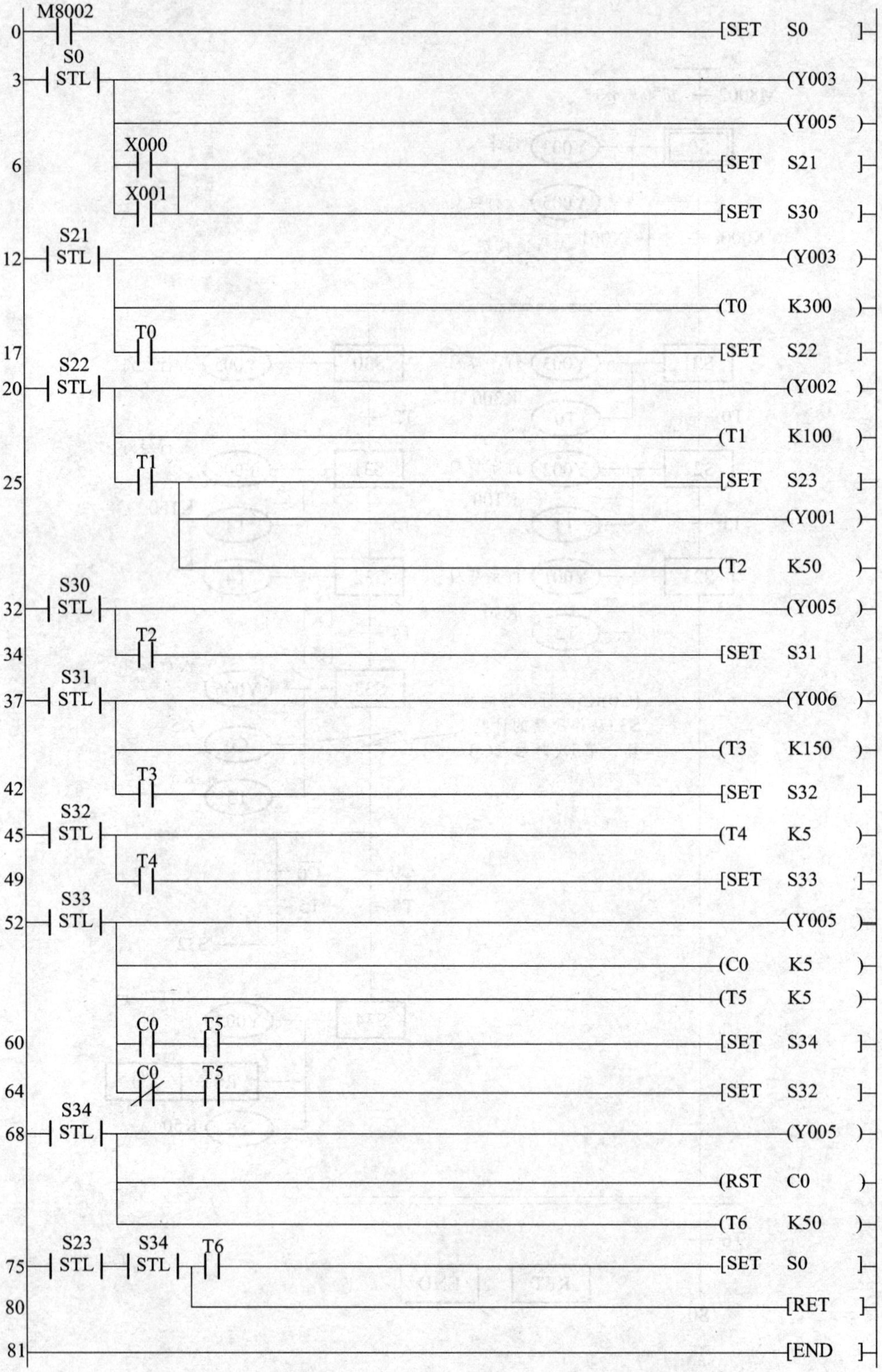

```
 0    M8002
     ──┤├──────────────────────────────────────────────────[SET   S0   ]
 3    S0
     ──┤STL├─────────────────────────────────────────────────(Y003  )
                                                              (Y005  )
 6          X000
           ──┤├────────────────────────────────────────────[SET   S21  ]
            X001
           ──┤├────────────────────────────────────────────[SET   S30  ]
12    S21
     ──┤STL├─────────────────────────────────────────────────(Y003  )
                                                              (T0    K300 )
17          T0
           ──┤├────────────────────────────────────────────[SET   S22  ]
20    S22
     ──┤STL├─────────────────────────────────────────────────(Y002  )
                                                              (T1    K100 )
25          T1
           ──┤├────────────────────────────────────────────[SET   S23  ]
                                                              (Y001  )
                                                              (T2    K50  )
32    S30
     ──┤STL├─────────────────────────────────────────────────(Y005  )
34          T2
           ──┤├────────────────────────────────────────────[SET   S31  ]
37    S31
     ──┤STL├─────────────────────────────────────────────────(Y006  )
                                                              (T3    K150 )
42          T3
           ──┤├────────────────────────────────────────────[SET   S32  ]
45    S32
     ──┤STL├─────────────────────────────────────────────────(T4    K5   )
49          T4
           ──┤├────────────────────────────────────────────[SET   S33  ]
52    S33
     ──┤STL├─────────────────────────────────────────────────(Y005  )
                                                              (C0    K5   )
                                                              (T5    K5   )
60          C0    T5
           ──┤├───┤├───────────────────────────────────────[SET   S34  ]
64          C0    T5
           ──┤/├──┤├───────────────────────────────────────[SET   S32  ]
68    S34
     ──┤STL├─────────────────────────────────────────────────(Y005  )
                                                              (RST   C0   )
                                                              (T6    K50  )
75    S23   S34   T6
     ──┤STL├─┤STL├─┤├───────────────────────────────────────[SET   S0   ]
80                                                            [RET   ]
81    ───────────────────────────────────────────────────────[END   ]
```

图 4-38　人行道与车道交叉路口红绿灯控制的步进梯形图

0	LD	M8002	
1	SET	S0	
3	STL	S0	
4	OUT	Y003	
5	OUT	Y005	
6	LD	X000	
7	OR	X001	
8	SET	S21	
10	SET	S30	
12	STL	S21	
13	OUT	Y003	
14	OUT	T0	K300
17	LD	T0	
18	SET	S22	
20	STL	S22	
21	OUT	Y002	
22	OUT	T1	K100
25	LD	T1	
26	SET	S23	
28	OUT	Y001	
29	OUT	T2	K50
32	STL	S30	
33	OUT	Y005	
34	LD	T2	
35	SET	S31	
37	STL	S31	
38	OUT	Y006	
39	OUT	T3	K150
42	LD	T3	
43	SET	S32	
45	STL	S32	
46	OUT	T4	K5
49	LD	T4	
50	SET	S33	
52	STL	S33	
53	OUT	Y006	
54	OUT	C0	K5
57	OUT	T5	K5
60	LD	C0	
61	AND	T5	
62	SET	S34	
64	LDI	C0	
65	AND	T5	
66	SET	S32	
68	STL	S34	
69	OUT	Y005	
70	RST	C0	
72	OUT	T6	K50
75	STL	S23	
76	STL	S34	
77	LD	T6	
78	SET	S0	
80	RET		
81	END		

图 4-39　人行道与车道交叉路口红绿灯控制的指令表

151

模块 5　FX$_{2n}$ 系列 PLC 功能指令的应用

项目 5.1　传送、比较指令的应用

5.1.1　项目目标

【知识目标】

掌握常用 FX$_{2n}$ 系列 PLC 的功能指令的表示形式及含义，掌握常用 FX$_{2n}$ 系列 PLC 的功能指令的表示方法，掌握传送指令及比较指令。

【技能目标】

掌握利用比较及传送功能指令进行程序设计的方法；能够熟练运用 FX 系列 PLC 的编程软件进行比较及传送功能指令的梯形图编程；能独立完成项目的 PLC 的外部硬件接线。

5.1.2　项目任务

PLC 在送料车方向自动控制上的应用。

控制要求如下：某车间有 8 个工作台，送料车往返于工作台之间送料，动作示意图如图 5-1 所示。每个工作台设有一个到位开关（SQ）和一个呼叫按钮（SB），送料车开始应能停留在 8 个工作台中任意一个到位开关的位置上，系统受启停开关 QS 的控制。具体控制要求如下。

（1）当送料车所在暂停位置的 SQ 号码大于呼叫的 SB 号码时，料车往左行，到呼叫的 SB 位置后停止。

（2）当送料车所在暂停位置的 SQ 号码小于呼叫的 SB 号码时，料车往右行，到呼叫的 SB 位置后停止。

试用传送与比较指令编程实现送料车的控制要求。

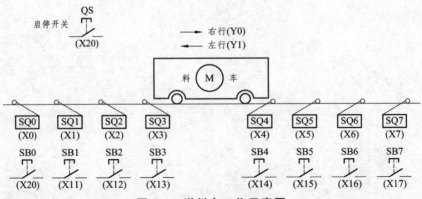

图 5-1　送料车工作示意图

5.1.3 项目编程的相关知识

可编程控制器的基本指令是基于继电器、定时器、计数器类等软元件，主要用于逻辑处理的指令。作为工业控制计算机，PLC 仅有基本指令是远远不够的。现代工业控制在许多场合需要用到数据处理，PLC 制造商逐步在 PLC 中引入应用指令，也称功能指令，用于数据的传送、运算、变换及程序控制等功能。这使得 PLC 成为真正意义上的计算机。特别是近年来，应用性指令又向综合性方向迈进了一大步，出现了许多一条指令即能实现以往需大段程序才能完成的某种任务的指令，如 PID 功能、表功能指令等。这类指令实际上就是一个个功能完整的子程序，从而大大提高了 PLC 的实用价值和应用范围。

FX$_{2n}$ 系列 PLC 是三菱小型 PLC 的典型产品，具有 128 种 298 条应用指令，分为程序流程、传送与比较、算术及逻辑运算、循环与移位、数据处理、高速处理、方便指令、外围设备 I/O、外围设备 SERA、浮点运算、时钟运算、葛雷码变换及触点比较等基本类型。

1. 功能指令的基本格式

1）功能指令的表示形式及含义

功能指令也叫应用指令，主要用于数据的传送、运算、变换和程序控制等。FX$_{2n}$ 系列 PLC 的功能指令用功能编号 FNC00 ~ FNC□□□ 指定，各指令都有一个表示其内容的助记符，功能编号（FNC）与助记符是一一对应的。

例如，传送指令的功能编号为 FNC45，助记符为 MEAN，指令含义为"求平均值"，这样就很直观，能见名知义。如果实际编程中用简易编程器编程，必须输入功能编号，而不是助记符；若用智能编程器或基于计算机的 PLC 编程软件进行编程，也可输入助记符。下面以例子来说明功能指令的应用过程。

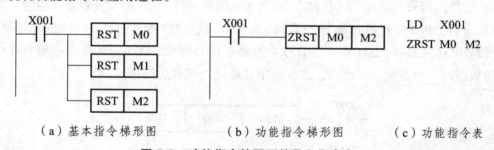

（a）基本指令梯形图　　　　（b）功能指令梯形图　　　（c）功能指令表

图 5-2　功能指令的图形符号和指令表

如图 5-2 所示，梯形图（a）和（b）是基本指令 RST 和功能应用指令 ZRST 的梯形图应用对比，两者所实现的功能是相同的，当 X001=1 时，M0，M1，M2 全部复位。由此可以看出，功能指令相当于基本指令中的逻辑线圈指令，两者用法也基本相同，只是基本指令所执行的功能比较单一，而功能指令类似于一个子程序，直接由助记符（功能代号）表达本条指令需要做什么，可以完成一系列较完整的控制过程。在图 5-2（b）中，X001 表示执行该条指令所需要的条件，其后的方框称为功能框，包含有功能指令的名称和参数，参数可以是相关数据、地址或其他数据。这种表达方式非常直观明了，有计算机编程基础的人马上就可以悟出指令的功能。

2）功能指令的表示方法

（1）功能指令的基本形式。

功能指令的表示方法与基本指令不同，其基本格式如图5-3所示。图中前一部分表示指令的功能编号和助记符，后一部分表示操作数，[S]表示源操作数，[D]表示目的操作数。有的功能指令没有操作数，只需指定功能号即可，但更多的功能指令在指定功能号的同时还需指定操作元件。操作元件由1到4个操作数组成，当源操作数不止一个时，可以用[S1]、[S2]表示；当目的操作数不止一个时，可以用[D1]、[D2]表示，如图5-3所示。

源操作数[S.]和目标操作数[D.]中的"."表示可以加入变址寄存器。n或m表示其他操作数，常用来表示常数，或作为源操作数和目标操作数的补充说明。常数一般用十进制K或十六进制H表示。当需要注释的项目较多时，可用n1、n2或m1、m2等来表示。

图5-3所示梯形图表示的是功能指令FNC45求平均值的一个具体例子。D0是源操作数的首元件，n是指定取值个数为3，即D0、D1、D2。D4Z1是计算结果存放的目标寄存器，Z1是变址寄存器。当M100的常开触点接通时，执行的操作是[（D0）+（D1）+（D2）]/3→（D4Z1），如果Z1的内容为20，则运算结果送到D24。

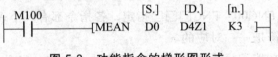

图5-3　功能指令的梯形图形式

（2）功能指令处理的数据长度。

功能指令可以处理16位数据和32位数据。若功能指令前带有符号（D），则表示处理32位数据；反之，则表示处理16位数据。如图5-4所示，当X001的常开触点接通时，将D10中的数据送到D20中，处理的是16位数据；当X002接通时，处理的是32位数据，即将D30、D31中的数据送到D40、D41中，将D30中数据送到D40中，D31中的数据送到D41中。处理32位数据时，为避免出现错误，建议使用首地址为偶数的操作数。

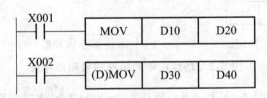

图5-4　功能指令处理16位和32位数据

（3）功能指令的执行形式。

例如，在如图5-5所示梯形图中，MOV指令后带有符号（P），表示脉冲执行，即该指令仅在X000接通（由OFF变为ON）时执行一次，将D10中的数据送到D30；MOV指令后无符号（P），表示连续执行，该指令在X001接通的每一个扫描周期都被重新执行，将D20中的数据送到D40。

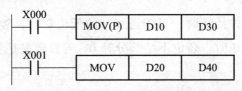

图 5-5 脉冲执行方式和连续执行方式

（4）功能指令的数据格式。

① 位元件和字元件。

用来表示开关量状态的元件，称为位元件，即只有 ON/OFF 状态的元件，例如 X、Y、M 和 S。用来处理数据的元件称为字元件，例如定时器和计数器的设定值寄存器、当前值寄存器和数据寄存器都是字元件。

② 位元件的组合。

对于位软元件，通过组合使用也可以处理数据，在这种情况下，以位数 Kn 和起始的软元件的组合来表示，位数 Kn 以 4 位为单位。16 位数据 Kn 的范围为 K1 ~ K4，32 位数据 Kn 的范围为 K1 ~ K8。K2M0 是指以 M0 ~ M7 组成的 2 个位元件组，8 位数据，M0 是最低位。K4M10 表示由 M10 ~ M25 组成的 16 位数据，M10 是最低位。采用位元件组合表示数值时，被指定的位元件号没有特别的限制，一般可以自由指定，但是建议最低位的编号尽可能设定为 0。

（5）功能指令的数据传送的方式。

16 位二进制数组成一个字，由位元件组成的字元件的位数长短不一，如 K1M0 为 4 位，K2M0 为 8 位，K4M0 为 16 位。因此，数据在字元件和由位元件组成的字元件之间进行传送时，应当特别注意，一般按照以下两点原则进行处理，如图 5-6 所示。

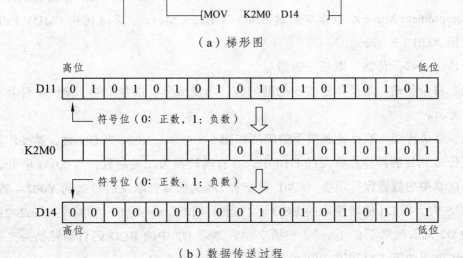

（a）梯形图

（b）数据传送过程

图 5-6 长度不同的数据之间传送

① 长数据向短数据元件传送时，只传送相应的低位数据，较高位的数据不传送。

② 短数据向长数据传送时，高位不足部分补 0。若源数据是负数时，则数据传送后负数将变为正数。

（6）变址寄存器 V 和 Z。

变址寄存器在传送、比较指令中用来修改操作对象的元件号，其操作方式与普通寄存器一样。FX$_{2N}$ 系列 PLC 有 16 个变址寄存器 V0～V7 和 Z0～Z7，它们是 16 位数据寄存器。

对于 32 位指令，V、Z 自动组对使用，V 为高 16 位，Z 为低 16 位。32 位指令中用到变址寄存器时只需指定 Z，这时 Z 就代表了 V 和 Z。变址寄存器的用法如图 5-7 所示，图中 X000、X001 触点接通时，常数 9 送到 V1，V1=9；常数 12 送到 Z0，Z0=12；同时 D5V1=D（5+ V1）=D14，D10Z0= D（10+ Z0）=D22。当 X002 由 OFF 变为 ON 时，则将 D14 中的数据传送到 D22 中。

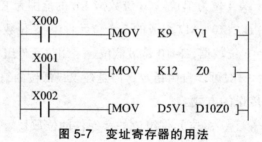

图 5-7　变址寄存器的用法

2. 数据传送与比较指令

1）数据传送指令

数据传送指令包括传送 MOV（Move），BCD 码移位送 SMOV（Shift Move），取反传送 CML（Complement Move），数据块传送 BMOV（Block Move），多点传送 FMOV（Fill Move）及数据交换 XCH（Exchange）。

（1）传送、移位传送、取反传送指令。

传送、移位传送、取反传送指令的助记符、功能编号、指令功能、操作元件及程序步长如表 5-1 所示。

传送、移位传送、取反传送指令的用法如图 5-8 所示。X001 为 ON 时，源操作数中的常数 100 被传送到目的操作数软元件 D10 中，并自动转换为二进制数；当 X001 断开，指令不执行时，D10 中的数据保持不变。CML 指令将 D0 的低 4 位取反后传送到 Y003～Y000 中。X000 为 ON 时，将 D1 中转换后的 BCD 码右起第 4 位（m1=4）开始的 2 位（m2=2）移到目的操作数 D2 的右起第 3 位（n=3）和第 2 位，然后 D2 中的 BCD 码自动转换为二进制码，D2 中的 BCD 码的第 1 位和第 4 位不受移位传送指令的影响。

表 5-1 传送、移位传送、取反传送指令

指令 助记符	功能 编号	指令功能	操作元件					程序步
			[S.]			[D.]		
MOV（P）	FNC12 （16/32）	将源操作数[S·]传送到目标元件中	K、H、KnX、KnY、KnM、KnS、T、C、D、V、Z			KnY、KnM、KnS、T、C、D、V、Z		16位操作：5步 32位操作：9步
SMOV（P）	FNC13 （16）	将4位BCD十进制源数据[S·]中指定位数的数据传送到4位十进制目标操作元件中指定的位置。	S （可变址）	m1	m2	D （可变址）	n	11步
			KnX、KnY、KnM、KnS、T、C、D、V、Z	K，H =1~4	K，H =1~4	KnY、KnM、KnS、T、C、D、V、Z	K，H =1~4	
CML（P）	FNC14 （16/32）	将源操作数[S·]中的数据逐位取反（1→0，0→1），并传送到目标元件中	[S.] K、H、KnX、KnY、KnM、KnS、T、C、D、V、Z			[D.] KnY、KnM、KnS、T、C、D、V、Z		16位操作：5步 32位操作：9步

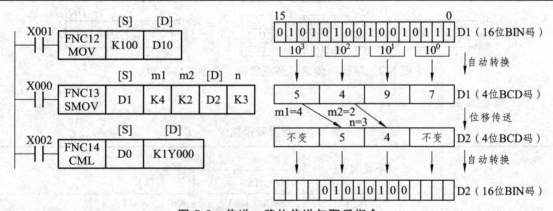

图 5-8 传送、移位传送与取反指令

（2）数据块传送、多点传送、数据交换指令，如表 5-2 所示。

块传送指令 BMOV 在传送的过程中，如果元件号超出允许的范围，数据仅传送到允许的范围。传送的顺序是自动决定的，以防止源数据块与目的数据块重叠时源数据在传送过程中被改写。如果源文件与目标文件的类型相同，传送顺序如图 5-9 所示。如果 M8024 为 ON，传送的方向相反（目标数据块中的数据传送到源数据块）；当 X002=ON 时，FMOV 多点传送指令执行，将常数 0 送到 D5～D14 这 10 个（n=10）数据寄存器中；当 X001=ON 时，XCH指令执行，D10 与 D11 的内容进行交换。这里应当注意，XCH 指令的执行可用脉冲执行性指令[XCH（P）]，才达到一次交换数据的效果。若采用连续执行性指令[XCH]，则每个扫描周期

均在交换数据，这样最后的交换结果不能确定，编程时一定要注意这一情况。

表 5-2 传送、移位传送、取反传送指令

指令助记符	功能编号	指令功能	操作元件			程序步
			[S.]	[D.]	n	
BMOV（P）	FNC15（16）	源操作数 [S·]指定元件开始的 n 个数据组成的数据块送到目标元件中	KnX、KnY、KnM、KnS、T、C、D	KnY、KnM、KnS、T、C、D	K，H≤512	7 步
FMOV（P）	FNC16（16/32）	将单个元件中的数据传送到指定目标地址开始的 n 个元件中	K、H、KnX、KnY、KnM、KnS、T、C、D、V、Z	KnY、KnM、KnS、T、C、D	K，H≤512	16 位操作：7 步 32 位操作：13 步
XCH（P）	FNC17（16/32）	数据在指定的目标元件 [D1.]和 [D2.] 之间交换	[D1.] KnY、KnM、KnS、T、C、D、V、Z	[D2.] KnY、KnM、KnS、T、C、D、V、Z		16 位操作：5 步 32 位操作：9 步

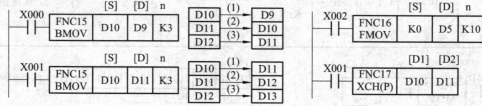

图 5-9 数据块传送、多点传送、数据交换指令

（3）数据变换指令，如表 5-3 所示。

表 5-3 数据变换指令

指令助记符	功能编号	指令功能	操作元件		程序步
			[S.]	[D.]	
BCD（P）	FNC18（16/32）	将源操作数[S.]中的二进制数变换成 BCD 码送到目标元件中	KnX、KnY、KnM、KnS、T、C、D、V、Z	KnY、KnM、KnS、T、C、D、V、Z	16 位操作：5 步 32 位操作：9 步
BIN（P）	FNC19（16/32）	将源操作数[S.]中的 BCD 码变换成二进制数送到目标元件中	KnX、KnY、KnM、KnS、T、C、D、V、Z	KnY、KnM、KnS、T、C、D、V、Z	16 位操作：5 步 32 位操作：9 步

如果 BCD 变换指令进行 16 位操作时，执行结果超出 0～9 999 范围将会出错；当指令进行 32 位操作时，执行结果超过 0～99 999 999 范围也将出错。BIN 变换指令将源元件中的 BCD 码转换为二进制数后送到目标元件中。BCD 数字拨码开关的 10 个位置对应于十进制数 0～9，通过内部的编码，拨码开关的输出为当前位置对应的十进制数转换后的 4 位二进制数。可以用 BIN 指令将拨号开关提供的 BCD 设定值转换为二进制数后输入到 PLC。如果源元件中的

数据不是 BCD 数，将会出错。

BCD 变换指令和 BIN 指令用法如图 5-10 所示。当 X000 为 ON 时，源元件 D10 中的二进制数转换成 BCD 码送到目标元件 D11 中；当 X001 为 ON 时，源操作数 K2X0 中的 BCD 码转换成二进制数送到目标元件 D13 中。

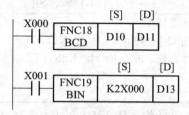

图 5-10　数据变换指令举例

2）数据比较指令

（1）数据比较指令，如表 5-4 所示。

表 5-4　比较指令

指令助记符	功能编号	指令功能	操作元件		程序步
			[S1.] [S2.]	[D.]	
CMP，CMP（P）	FNC10（16/32）	将指定元件[S1.]中的数与[S2.]中的数进行比较，结果送到目标元件中	K、H、KnX、KnY、KnM、KnS、T、C、D、V、Z	Y、M、S	16 位操作：7 步 32 位操作：13 步

数据比较是进行代数值大小比较（即带符号比较）。所有的源数据均按二进制处理。当比较指令的操作数不完整（若只指定一个或两个操作数），或者指定的操作数不符合要求（例如把 X、D、T、C 指定为目标操作数），或者指定的操作数的元件号超出了允许范围等情况出现，比较指令就会出错。

比较指令的用法如图 5-11 所示。三个连续的目标元件 M10、M11、M12 根据比较的结果动作，当 X010 为 ON 时，若 K86 > C10 的当前值，M10=ON；若 K86=C10 的当前值，M11=ON；若 K86 < C10 的当前值，M12=ON。当 X010 为 OFF 时，CMP 指令不执行，M10、M11、M12 的状态保持不变。

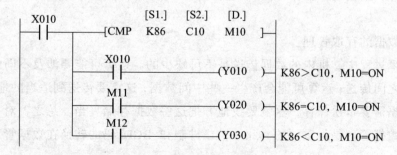

图 5-11　比较指令的用法

（2）区间比较指令，如表5-5所示。

表 5-5 区间比较指令

指令助记符	功能编号	指令功能	操作元件		程序步
			[S1.] [S2.][S.]	[D.]	
ZCP、ZCP（P）	FNC11（16/32）	源操作数[S·]、[S1·]、[S2·]中的数进行比较，结果送到目标元件中	K、H、KnX、KnY、KnM、KnS、T、C、D、V、Z	Y、M、S	16位操作：9步 32位操作：17步

区间比较指令执行时，是将源操作数[S.]与[S1.]和[S2.]的内容进行比较，并将比较的结果用目标操作数[D.]的状态来表示，如图5-12所示。当在X0断开，即X0=OFF，不执行ZCP指令时，M10～M12保持X0断开前的状态。当X0=ON时，若C20＜K100，则M10=ON；若K100≤C20≤K150，则M11=ON；若K150＜C20时，则M12=ON。

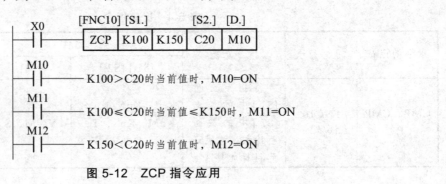

图 5-12 ZCP 指令应用

注意：（1）使用ZCP时，[S2.]的数值不能小于[S1.]；（2）所有的源数据都被看成二进制值处理；（3）在不执行指令时，可用复位指令清除比较结果。

3）传送与比较指令作用

（1）用以获得程序的初始工作数据

一个控制程序总是需要初始数据的。这些数据既可以从输入端口上连接的外部器件获得，运用传送指令读取这些器件上的数据并送到内部单元；也可以用程序设置，即向内部单元传送立即数。另外，某些运算数据存储在机内的某个地方，等程序开始运行时通过初始化程序送到工作单元。

（2）机内数据的存取管理。

在数据运算过程中，机内的数据传送是不可缺少的。运算可能要涉及不同的工作单元，数据需在它们之间传送；运算可能会产生一些中间数据，这需要传送到适当的地方暂时存放；有时机内的数据需要备份保存，这就要找地方把这些数据存储妥当。总之，对一个涉及数据运算的程序，数据管理是很重要的。此外，二进制和BCD码的转换在数据管理中也是很重要的。

（3）运算处理结果向输出端口传送。

运算处理结果总是要通过输出实现对执行器件的控制，或者输出数据用于显示，或者作为其他设备的工作数据。对于输出口连接的离散执行器件，可成组处理后看做是整体的数据单元，按各端口的目标状态送入一定的数据，即可实现对这些器件的控制。

（4）比较指令用于建立控制点。

控制现场常有将某个物理量的量值或变化区间作为控制点的情况。如温度低于多少度就打开电热器，速度高于或低于一个区间就报警等。作为一个控制"阀门"，比较指令常出现在工业控制程序中。

5.1.4 项目实施

1. 项目分析

设送料车现暂停于 m 号工作台（SQm 为 ON）处，这时 n 号工作台呼叫（SBn 为 ON），则根据题意可知：

（1）当料车所在暂停位置的 SQ 号码大于呼叫的 SB 号码时，料车往左行，到呼叫的 SB 位置后停止。即 $m>n$，送料车左行，直至 SQn 动作，到位停车。

（2）当料车所在暂停位置的 SQ 号码小于呼叫的 SB 号码时，料车往右行，到呼叫的 SB 位置后停止。即 $m<n$，送料车右行，直至 SQn 动作，到位停车。

（3）送料车所停位置 SQ 的号码与呼叫按钮 SB 的号码相同时，送料车不动。即 $m=n$，送料车原位不动。

2. I/O 地址分配及硬件连接

由控制要求可知，系统的 I/O 地址分配如表 5-6 所示，硬件连接如图 5-13 所示。

表 5-6　送料车系统的 I/O 地址分配表

输入		功能说明	输入		功能说明	输出		功能说明
SQ0	X0	限位 0	SB0	X10	呼叫 0	KM1	Y0	电动机 M 正转，料车右行
SQ1	X1	限位 1	SB1	X11	呼叫 1	KM2	Y1	电动机 M 反转，料车左行
SQ2	X2	限位 2	SB2	X12	呼叫 2			
SQ3	X3	限位 3	SB3	X13	呼叫 3			
SQ4	X4	限位 4	SB4	X14	呼叫 4			
SQ5	X5	限位 5	SB5	X15	呼叫 5			
SQ6	X6	限位 6	SB6	X16	呼叫 6			
SQ7	X7	限位 7	SB7	X17	呼叫 7			
			QS	X20	启停开关			

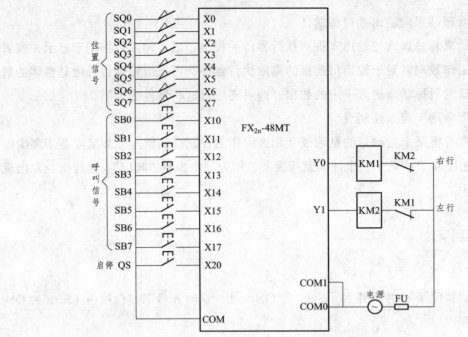

图 5-13　送料车系统硬件连接图

3. PLC 软件的实现

用传送与比较指令编程实现送料车控制的梯形图程序，如图 5-14 所示，指令表如图 5-15 所示。

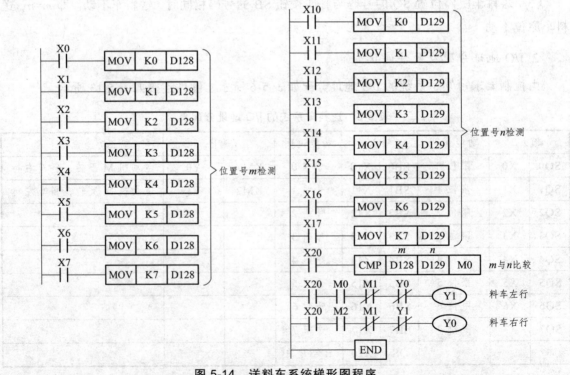

图 5-14　送料车系统梯形图程序

162

0	LD	X000				66	LD	X013		
1	MOV	K0	D128			67	MOV	K3	D129	
6	LD	X001				72	LD	X014		
7	MOV	K1	D128			73	MOV	K4	D129	
12	LD	X002				78	LD	X015		
13	MOV	K2	D128			79	MOV	K5	D129	
18	LD	X003				84	LD	X016		
19	MOV	K3	D128			85	MOV	K6	D129	
24	LD	X004				90	LD	X017		
25	MOV	K4	D128			91	MOV	K7	D129	
30	LD	X005				96	LD	X020		
31	MOV	K5	D128			97	CMP	D128	D129	M0
36	LD	X006				104	LD	X020		
37	MOV	K6	D128			105	AND	M0		
42	LD	X007				106	ANI	M1		
43	MOV	K7	D128			107	ANI	Y000		
48	LD	X010				108	OUT	Y001		
49	MOV	K0	D129			109	LD	X020		
54	LD	X011				110	AND	M2		
55	MOV	K1	D129			111	ANI	M1		
60	LD	X012				112	ANI	Y001		
61	MOV	K2	D129			113	OUT	Y000		
						114	END			

图 5-15　送料车系统程序指令表

梯形图 5-14 中将送料车当前位置送到数据寄存器 D128 中，将呼叫工作台号送到数据寄存器 D129 中，然后通过 D128 与 D129 中数据的比较，决定送料车的运行方向和到达的目标位置，D128、D129 都是断电保持型数据寄存器，因此送料车系统重新启动后，能自动恢复断电前的状态。

项目 5.2　四则运算和逻辑运算指令的应用

5.2.1　项目目标

【知识目标】

掌握常用 FX_{2n} 系列 PLC 的四则运算和逻辑运算指令，熟悉功能指令应用程序设计的基本思路和方法。

【技能目标】

会利用四则运算和逻辑运算指令进行程序设计；能够熟练运用 FX 系列 PLC 的编程软件进行四则运算和逻辑运算指令的梯形图编程；能独立完成项目的 PLC 的外部硬件接线。

5.2.2 项目任务

任务 1 天塔之光

有九盏灯，其布局如图 5-16 所示。要求在同一个程序中可选择来分别完成下面两个控制要求的实训项目。

（1）方式一：L1、L4、L7 亮，1 s 后灭，接着 L2、L5、L8 亮，1 s 后灭，接着 L3、L6、L9 亮，1 s 后灭，如此循环。

（2）方式二：L1 亮，2 s 后灭，接着 L2、L3、L4、L5 亮，2 s 后灭，接着 L6、L7、L8、L9 亮，2 s 后灭，如此循环。

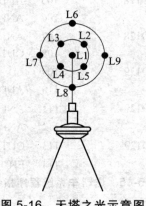

图 5-16 天塔之光示意图

任务 2 自动售货饮料机的设计

自动售货饮料机有两个不同的饮料桶，一桶为汽水，另一桶为咖啡，由两个电磁阀分别控制。汽水售价为 2 元/杯，咖啡售价为 3 元/杯。自动售货饮料机功能示意图如图 5-17 所示，要求采用 PLC 控制，具体的控制要求如下：

（1）此自动售货饮料机可接收 1 角、5 角、1 元的硬币。

（2）当投入的硬币总值超过 2 元时，汽水指示灯亮；当投入的硬币总值超过 3 元时，汽水指示灯和咖啡指示灯都亮。

（3）当汽水指示灯亮时，按汽水按钮，则出汽水，8 s 后自动停止。在这段时间内，汽水指示灯闪烁。

（4）当咖啡指示灯亮时，按咖啡按钮，则输出咖啡，8 s 后自动停止。在这段时间内，咖啡指示灯闪烁。

（5）当按下汽水按钮或者咖啡按钮后，如果投入的硬币总值超过所需钱数（2 元或 3 元），系统从退币口找出多余的钱。

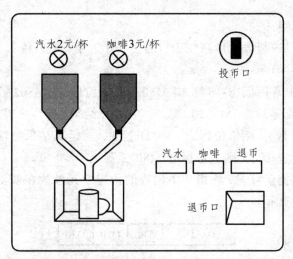

图 5-17　自动售货饮料机功能示意图

5.2.3　项目编程的相关知识

1. 四则运算和逻辑运算指令

四则运算及逻辑运算指令是基本逻辑运算指令,通过四则及逻辑运算可实现数据的传送、变位及其他控制功能。

1）四则运算指令

FX_{2n} 系列 PLC 的四则运算指令主要包括加法指令 ADD、减法指令 SUB、乘法指令 MUL 和除法指令 DIV 等。

（1）加法指令。

加法指令 ADD 用于将指定的源元件[S1]、[S2]中的两个二进制数相加,结果送到指定的目标元件。其助记符、指令代码、操作数和程序步如表 5-7 所示。

表 5-7　加法指令

指令助记符	功能编号	指令功能	操作元件		程序步
			[S1.] [S2.]	[D.]	
ADD，ADD（P）	FNC20（16/32）	将两源操作数据进行相加,结果送到目标元件中	K、H、KnX、KnY、KnM、KnS、T、C、D、V、Z	KnY、KnM、KnS、T、C、D、V、Z	16 位操作：7 步 32 位操作：13 步

加法指令 ADD 的用法如图 5-18 所示。当执行条件 X001 = ON 时,图中的操作可表示为 [S1]+[S2]→[D],即[D10]+[D12]→[D14]。

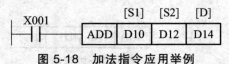

图 5-18　加法指令应用举例

加法指令的使用说明：

① 数据为有符号二进制数，最高位为符号位（0 为正，1 为负），ADD 执行的是二进制代数运算，例如 6+（－8）=－2。

② 加法指令有 3 个常用标志：零标志（M8020）、借位标志（M8021）和进位标志（M8022）。当运算结果为 0 时，则零标志 M8020 置 1；当运算结果小于－32 767（16 位运算）或－2 147 483 647（32 位运算），则借位标志 M8021 置 1；当运算结果超过 32 767（16 位运算）或 2 147 483 647（32 位运算），则进位标志 M8022 置 1。

③ 在进行 32 位数据运算时，将指令中出现的指定字元件放在低 16 位，下一个字元件放在高 16 位，如图 5-19 所示。

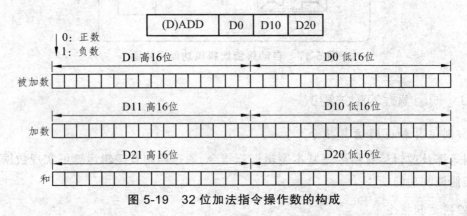

图 5-19 32 位加法指令操作数的构成

④ 源操作数和目的操作数可以使用相同的元件号。若源操作数和目的操作数的元件号相同并采用连续执行的 ADD、（D）ADD 指令，加法的结果在每个扫描周期都会改变。

（2）减法指令。

减法指令 SUB 用于将指定的源元件[S1]、[S2]中的两个二进制数相减，并将结果送到指定的目标元件[D]中去。其助记符、指令代码、操作数和程序步如表 5-8 所示。

表 5-8 减法指令

指令助记符	功能编号	指令功能	操作元件		程序步
			[S1.] [S2.]	[D.]	
SUB, SUB（P）	FNC21 （16/32）	将指定元件 [S1.]中的数减去[S2.]的数，结果送到目标元件中	K、H、KnX、KnY、KnM、KnS、T、C、D、V、Z	KnY、KnM、KnS、T、C、D、V、Z	16 位操作：7 步 32 位操作：13 步

减法指令 SUB 的用法如图 5-20 所示。当执行条件 X001 = ON 时，图中的操作可表示为 [D10] － [D12]→[D14]。

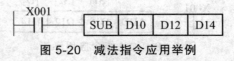

图 5-20 减法指令应用举例

SUB 执行的也是二进制代数运算，例如：6-（-8）=14。其各种操作标志的动作，32位运算中软元件的指定方法，脉冲执行性和连续执行性的差异均与加法指令 ADD 相同，此处就不再重复叙述。

（3）乘法指令。

该指令的指令助记符、功能编号、指令功能、操作元件及程序步长如表 5-9 所示。

表 5-9　乘法指令

指令助记符	功能编号	指令功能	操作元件		程序步
			[S1.] [S2.]	[D.]	
MUL，MUL（P）	FNC22（16/32）	将指定元件[S1.]中的数乘以[S2.]中的数，结果送到目标元件中	K、H、KnX、KnY、KnM、KnS、T、C、D、V、Z	KnY、KnM、KnS、T、C、D	16 位操作：7 步32 位操作：13 步

乘法指令是将指定的源操作元件中的二进制数相乘，结果送到指定的目标操作元件中去。它分 16 位数据的乘法运算（见图 5-21）和 32 位数据的乘法运算（见图 5-22）两种。

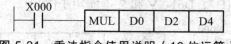

图 5-21　乘法指令使用说明（16 位运算）

若为 16 位运算，执行条件 X000=1 时，（D0）×（D2）→（D5，D4）。源操作数是 16位，目标操作数就是 32 位。当（D0）=7、（D2）=8 时，（D5，D4）=56。最高位为符号位，0 为正，1 为负。

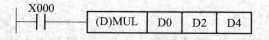

图 5-22　乘法指令使用说明（32 位运算）

若为 32 位运算，执行条件 X000=1 时，（D1，D0）×（D3，D2）→（D7，D6，D5，D4）。源操作数是 32 位，目标操作数就是 64 位。当（D1，D0）=120，（D3，D2）=120时，（D7，D6，D5，D4）=14 400。最高位为符号位，0 为正，1 为负。

如果将位元件组合元件用于目标操作数时，限于 K 的取值，只能得到低位 32 位的结果，不能得到高位 32 位的结果。在这种情况下，应将数据移入字元件再进行计算。

用字元件时，也不可能监视 64 位数据，只能通过监视高 32 位和低 32 位。V、Z 不能用于[D.]目标操作元件中。

（4）除法指令。

该指令的指令助记符、功能编号、指令功能、操作元件及程序步长如表 5-10 所示。

表 5-10　除法指令

指令助记符	功能编号	指令功能	操作元件		程序步
			[S1.] [S2.]	[D.]	
DIV，DIV（P）	FNC23（16/32）	将指定元件[S1.]中的数除以[S2.]中的数，结果送到目标元件中	K、H、KnX、KnY、KnM、KnS、T、C、D、V、Z	KnY、KnM、KnS、T、C、D	16 位操作：7 步32 位操作：13 步

除法指令 DIV 用于将指定的源元件[S1]、[S2]中的两个二进制数相除，[S1]为被除数，[S2]为除数，并将商送到指定的目的元件[D]中去，将余数送到紧靠[D]的下一地址号的元件中。除法指令分 16 位和 32 位两种情况进行操作，具体指令功能说明如图 5-23 和图 5-24 所示。

若为 16 位运算（见图 5-23），执行条件 X000=1 时，（D0）÷（D2）→（D4）。当（D0）=8，（D2）=3 时，D4=2，D5=2（D5 为余数）。V 和 Z 不能用于[D]中。

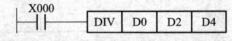

图 5-23　除法指令使用说明（16 位运算）

若为 32 位除法运算（见图 5-24），执行条件 X000=1 时，可表示为[D1，D0]÷[D3，D2]，商送到[D5，D4]，余数送到[D7，D6]。V 和 Z 不能用于[D]中。

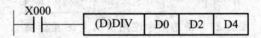

图 5-24　除法指令使用说明（32 位运算）

另外，除数为 0 时，运算错误，不执行指令。若[D]指定位元件，得不到余数。商和余数的最高位是符号位，被除数或余数中有一个为负数时，商为负数；被除数为负数时，余数为负数。

（5）加 1 指令。

该指令的助记符、功能编号、指令功能、操作元件及程序步长如表 5-11 所示。

表 5-11　加 1 指令

指令助记符	功能编号	指令功能	操作元件	程序步
			[D.]	
INC，INC（P）	FNC24	将目标元件的当前值加 1，结果存放到目标元件中	KnY、KnM、KnS、T、C、D、V、Z	16 位操作：3 步32 位操作：5 步

加 1 指令功能说明如图 5-25 所示。当 X010 = 1 时，由[D.]指定的元件 D10 中的二进制数自动加 1。若用连续指令时，每个扫描周期加 1。

在 16 位运算中，如果目标元件的当前值为+32 767，则执行加 1 指令后将变为 – 32 768，但标志不置位；在 32 位运算中，如果目标元件的当前值为+2 147 483 647，则执行加 1 指令

后变为 – 2 147 483 648，标志也不置位。

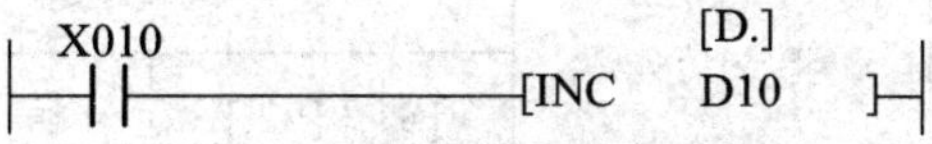

```
    X010                          [D.]
────┤├─────────────────────[INC   D10   ]──┤
```

图 5-25　加 1 指令的用法

（6）减 1 指令。

该指令的助记符、功能编号、指令功能、操作元件及程序步长如表 5-12 所示。

表 5-12　减 1 指令

指令助记符	功能编号	指令功能	操作元件 [D.]	程序步
DEC，DEC（P）	FNC25	将目标元件的当前值减 1，结果存放到目标元件中	KnY、KnM、KnS、T、C、D、V、Z	16 位操作：3 步 32 位操作：5 步

指令使用说明：在 16 位运算中，如果目标元件的当前值为 – 32 768，则执行减 1 指令后将变为+32 767，但标志不置位；在 32 位运算中，如果目标元件的当前值为 – 2 147 483 648，则执行减 1 指令后变为+2 147 483 647，标志也不置位。如图 5-26 所示，当 X010 = 1 时，由 [D.]指定的元件 D10 中的二进制数自动减 1。若用连续指令时，每个扫描周期减 1。

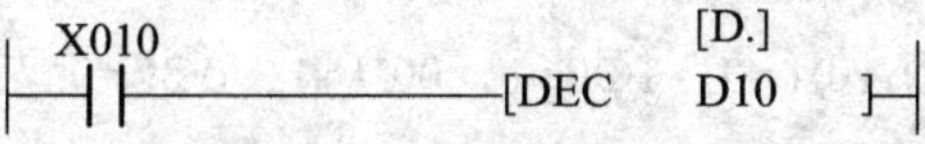

```
    X010                          [D.]
────┤├────────────────────[DEC   D10   ]──┤
```

图 5-26　减 1 指令的用法

（7）逻辑运算指令。

该类指令的助记符、功能编号、指令功能、操作元件、程序步如表 5-13 所示。

表 5-13　逻辑运算指令的要素

指令助记符	功能编号	指令功能	操作元件 [S1.] [S2.]	[D.]	程序步
WAND，WAND（P）	FNC26（16/32）	将指定元件[S1.]中的数与[S2.]中的数按位进行二进制"与运算"，结果送到目标元件中	K、H、KnX、KnY、KnM、KnS、T、C、D、V、Z	KnY、KnM、KnS、T、C、D、V、Z	16 位操作：7 步 32 位操作：13 步
WOR，WOR（P）	FNC27（16/32）	将指定元件[S1.]中的数与[S2.]中的数按位进行二进制"或运算"，结果送到目标元件中	K、H、KnX、KnY、KnM、KnS、T、C、D、V、Z	KnY、KnM、KnS、T、C、D、V、Z	16 位操作：7 步 32 位操作：13 步

指令助记符	功能编号	指令功能	操作元件		程序步
			[S1.] [S2.]	[D.]	
WXOR，WXOR（P）	FNC28（16/32）	将指定元件[S1.]中的数与[S2.]中的数按位进行二进制"异或运算"，结果送到目标元件中	K、H、KnX、KnY、KnM、KnS、T、C、D、V、Z	KnY、KnM、KnS、T、C、D、V、Z	16位操作：7步32位操作：13步
NEG，NEG（P）	FNC29（16/32）	将操作数[D]的每一位先取反再加1，结果送到同一目标元件中	无	KnY、KnM、KnS、T、C、D、V、Z	16位操作：3步32位操作：5步

指令使用说明：

① 字逻辑与、或和异或指令是使源操作数各对应的位进行逻辑运算。

② 逻辑与运算法则为 1∧1=1，1∧0=0，0∧1=0，0∧0=0。

③ 逻辑或运算法则为 1∨1=1，1∨0=1，0∨1=1，0∨0=0。

④ 逻辑异或运算法则为 1⊕1=0，1⊕0=1，0⊕1=1，0⊕0=0。

字逻辑与、或和异或指令的用法如图 5-27 所示。

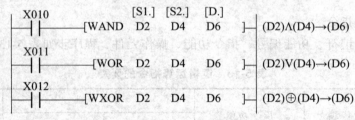

图 5-27 字逻辑与、或和异或指令的用法

5.2.4 项目实施

任务 1 天塔之光

1. 项目分析

利用 PLC 中的定时器进行延时来改变各个状态，从而形成天塔之光的效果。灯亮的顺序模式一为：L1L4L7（第 1 组）→L2L5L8（第 2 组）→L3L6L9（第 3 组）……，每一组灯每间隔 1 s 循环亮。

模式二：L1（第 1 组）→L2 L3L4L5（第 2 组）→L6L7L8 L9（第 3 组）…，每一组灯每间隔 2 s 循环亮。

也就是说两种模式 9 盏灯都分为了 3 组，将每一盏灯在两种模式下的分组情况列表，如表 5-14 所示。

表 5-14 9 盏灯两种模式下的分组

编号	模式一	模式二	编号	模式一	模式二	编号	模式一	模式二
L1	第 1 组	第 1 组	L4	第 1 组	第 2 组	L7	第 1 组	第 3 组
L2	第 2 组	第 2 组	L5	第 2 组	第 2 组	L8	第 2 组	第 3 组
L3	第 3 组	第 2 组	L6	第 3 组	第 3 组	L9	第 3 组	第 3 组

分别对每一盏灯进行控制，每一盏灯有两种工作状态，根据其在不同模式下的分组和模式的选择上用功能指令实现控制。

2. I/O 地址分配及硬件连接

根据控制要求，在天塔之光系统的控制过程中，有 3 个输入元件，即启动按钮 SB1（实验室中用按键 K0 来代替），停止按钮 SB2（实验室中用按键 K1 来代替），模式选择按钮 SB3（实验室中用按键 K6 来代替）；有 9 个输出元件，即灯 L1、灯 L2、灯 L3、灯 L4、灯 L5、灯 L6、灯 L7、灯 L8、灯 L9。天塔之光系统控制的 I/O 元件的地址分配如表 5-15 所示。

表 5-15 天塔之光系统的控制 I/O 元件的地址分配

输入		功能说明	输出		功能说明
K0（带锁）	X0	启动按钮	L1	Y0	灯 L1
K1（带锁）	X1	停止按钮	L2	Y1	灯 L2
K6（带锁）	X2	模式选择	L3	Y2	灯 L3
			L4	Y3	灯 L4
			L5	Y4	灯 L5
			L6	Y5	灯 L6
			L7	Y6	灯 L7
			L8	Y7	灯 L8
			L9	Y010	灯 L9

用基本指令与功能指令实现的天塔之光 PLC 的 I/O 接线如图 5-28 所示。

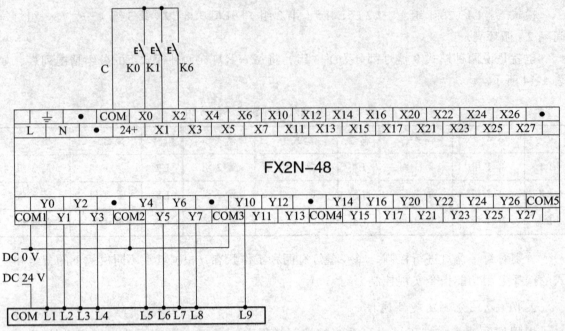

图 5-28 天塔之光 PLC 的 I/O 接线图

3. 程序设计

根据系统的控制要求及 I/O 分配，设计出实现天塔之光的 PLC 梯形图，如图 5-29 所示。天塔之光的指令表程序如图 5-30 所示。

在实践调试的过程中，首先要在断电状态下，将计算机与 PLC 连接好。打开 PLC 的前盖，将运行模式选择开关拨到停止（STOP）位置，此时用菜单命令"在线"→"PLC 写入"，即可把计算机上编制好的梯形图程序下载到 PLC 中。

然后进行通电测试，验证系统功能是否符合控制要求：① 按下启动按钮 K0，程序开始运转；② 通过按钮 K6 在模式一与模式二之间切换；③ 按下停止按钮 K1，停止运行。

如果可能，给梯形图加上适当的注释。

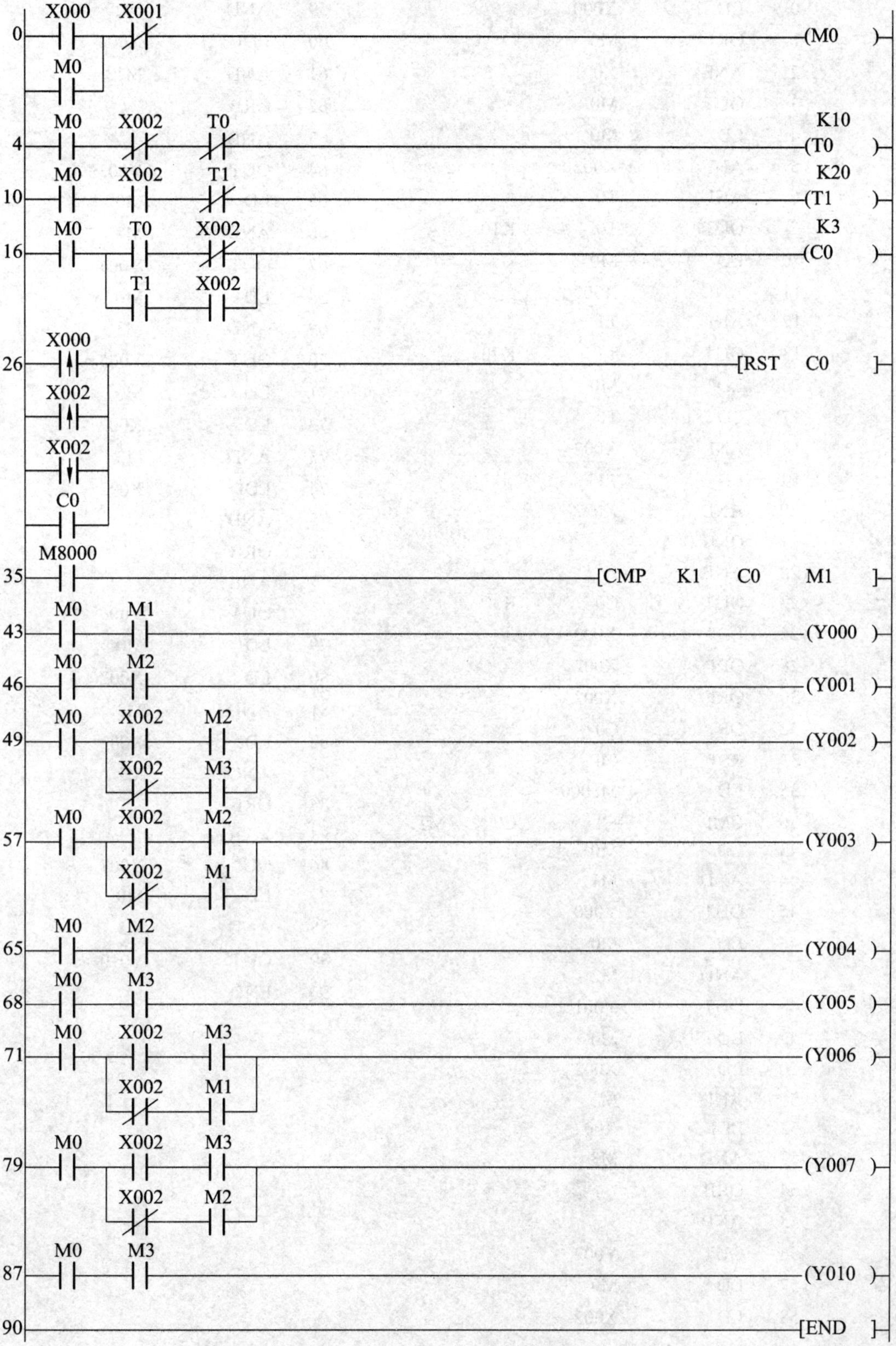

X000 X001 (M0)
0
M0

M0 X002 T0 K10
4 (T0)

M0 X002 T1 K20
10 (T1)

M0 T0 X002 K3
16 (C0)
T1 X002

X000
26 [RST C0]
X002
X002
C0

M8000
35 [CMP K1 C0 M1]

M0 M1
43 (Y000)

M0 M2
46 (Y001)

M0 X002 M2
49 (Y002)
X002 M3

M0 X002 M2
57 (Y003)
X002 M1

M0 M2
65 (Y004)

M0 M3
68 (Y005)

M0 X002 M3
71 (Y006)
X002 M1

M0 X002 M3
79 (Y007)
X002 M2

M0 M3
87 (Y010)

90 [END]

图 5-29　天塔之光梯形图程序

173

0	LD	X000		
1	OR	M0		
2	ANI	X001		
3	OUT	M0		
4	LD	M0		
5	ANI	X002		
6	ANI	T0		
7	OUT	T0	K10	
10	LD	M0		
11	AND	X002		
12	ANI	T1		
13	OUT	T1	K20	
16	LD	M0		
17	LD	T0		
18	ANI	X002		
19	LD	T1		
20	AND	X002		
21	ORB			
22	ANB			
23	OUT	C0	K3	
26	LDP	X000		
28	ORP	X002		
30	ORF	X002		
32	OR	C0		
33	RST	C0		
35	LD	M8000		
36	CMP	K1	C0	M1
43	LD	M0		
44	AND	M1		
45	OUT	Y000		
46	LD	M0		
47	AND	M2		
48	OUT	Y001		
49	LD	M0		
50	LD	X002		
51	AND	M2		
52	LDI	X002		
53	AND	M3		
54	ORB			
55	ANB			
56	OUT	Y002		
57	LD	M0		
58	LD	X002		
59	AND	M2		
60	LDI	X002		
61	AND	M1		
62	ORB			
63	ANB			
64	OUT	Y003		
65	LD	M0		
66	AND	M2		
67	OUT	Y004		
68	LD	M0		
69	AND	M3		
70	OUT	Y005		
71	LD	M0		
72	LD	X002		
73	AND	M3		
74	LDI	X002		
75	AND	M1		
76	ORB			
77	ANB			
78	OUT	Y006		
79	LD	M0		
80	LD	X002		
81	AND	M3		
82	LDI	X002		
83	AND	M2		
84	ORB			
85	ANB			
86	OUT	Y007		
87	LD	M0		
88	AND	M3		
89	OUT	Y010		
90	END			

图 5-30　天塔之光控制程序指令表

任务 2 自动售货饮料机设计

1. 项目分析

由于该自动售货饮料机系统主要用于课堂教学，故其功能要求没有真实的自动售货机强大，例如没有过多的商品可选择和各种报警系统等。此自动售货饮料机的控制系统主要包括计币系统、比较系统、选择系统、饮料供应系统和退币系统。

（1）计币系统：当有顾客要购买饮料时，投入的硬币经过光电开关，感应器记录 1 角、5 角、1 元硬币的个数，然后通过将每种硬币的个数与对应币值相乘，再相加，将最终叠加的钱币数存放到某个数据寄存器中。

（2）比较系统：投币完成后，系统会将数据寄存器内的钱币数据和可以购买的饮料价格进行比较（这里要用到区间比较指令）。若投入的钱币总值超过 2 元（但小于 3 元），汽水指示灯会亮；若投入的钱币总值超过 3 元，则汽水指示灯和咖啡指示灯都会亮。

（3）选择系统：当按下汽水按钮或咖啡按钮时，相应的指示灯由常亮变为间隔 0.5 s 的闪烁。当相应的饮料输出达到 8 s 时，闪烁同时停止。

（4）饮料供应系统：当按下汽水按钮时，控制汽水饮料的电磁阀打开，输出汽水；当按下咖啡按钮时，控制咖啡饮料的电磁阀打开，输出咖啡。8 s 后，电磁阀关闭，停止饮料输出。

（5）退币系统：在顾客购买完饮料以后退回多余的硬币。按下退币按钮，找钱机构动作，将多余的钱币退出。找钱结束后，找钱机构断开。

2. I/O 地址分配及硬件连接

根据控制要求，在自动售货饮料机系统的控制过程中，有 6 个输入元件，即 1 角投币光电开关（实验室中用按键 K6 来代替），5 角投币光电开关（实验室中用按键 K7 来代替），1 元投币光电开关（实验室中用按键 K8 来代替），汽水按钮 SB1（实验室中用按键 K9 来代替），咖啡按钮 SB2（实验室中用按键 K10 来代替），退币按钮 SB3（实验室中用按键 K11 来代替）；有 5 个输出元件，即汽水指示灯 HL1、咖啡指示灯 HL2、放汽水电磁阀 YV1、放咖啡电磁阀 YV2、找钱执行机构 YA。自动售货饮料机系统控制的 I/O 元件的地址分配如表 5-16 所示。

用基本指令与功能指令实现的自动售货饮料机 PLC 的 I/O 外部硬件接口电路如图 5-31 所示。

表 5-16 天塔之光系统的控制 I/O 元件的地址分配

输入		功能说明	输出		功能说明
K6（带锁）	X001	1 角投币光电开关 ST1	HL1	Y000	汽水指示灯
K7（带锁）	X002	5 角投币光电开关 ST2	HL2	Y001	咖啡指示灯
K8（带锁）	X003	1 元投币光电开关 ST3	YV1	Y002	放汽水电磁阀
K9（带锁）	X004	汽水按钮 SB1	YV2	Y003	放咖啡电磁阀
K10（带锁）	X005	咖啡按钮 SB2	YA	Y004	找钱执行机构
K11（带锁）	X006	退币按钮 SB3			

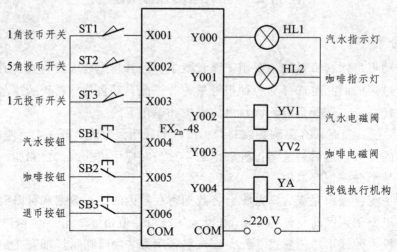

图 5-31 自动售货饮料机 PLC 的 I/O 接线图

3. 软件程序设计

根据系统的控制要求及 I/O 分配，设计出实现自动售货饮料机的 PLC 梯形图，如图 5-32 所示。其指令表程序请读者自行分析。

在断电状态下，将计算机与 PLC 连接好。打开 PLC 的前盖，将运行模式选择开关拨到停止（STOP）位置，此时用菜单命令"在线"→"PLC 写入"，即可把计算机上编制好的梯形图程序下载到 PLC 中。

程序下载到 PLC 后，在指导老师的监护下进行通电测试，验证系统功能是否符合控制要求。

（1）按下投币按键 K6，K7 和 K8，开始投钱，当投入钱的总数大于 2 元小于 3 元时，验证汽水指示灯是否会亮；当投入钱的总数超过 3 元时，验证汽水指示灯和咖啡指示灯是否都亮。

（2）根据投入钱的总数量，选择不同的饮料，看是否完成控制要求。

（3）按下退币按钮，开始找钱。

由于自动售货饮料机包含了大部分的基本指令，以及功能指令的传送、比较和四则运算指令，很锻炼初学者的思考能力。在程序调试的过程中，要能够描述所观察到的现象，分析功能指令在整个程序中所起的作用，能够给梯形图加上适当的注释。

```
      M8002
 0 ────┤├──────────────────────────────────────────────[PLS    M0    ]──
      M0
 3 ────┤├────────────────────────────────────────[MOV    K1     D0    ]──
          │                                       [MOV    K5     D1    ]──
          │                                       [MOV    K10    D2    ]──
      X001
19 ────┤├──────────────────────────────────────────────[PLS    M1    ]──
      X002
22 ────┤├──────────────────────────────────────────────[PLS    M2    ]──
      X003
25 ────┤├──────────────────────────────────────────────[PLS    M3    ]──
      M1
28 ────┤├──────────────────────────────────────[ADD    D0    D5    D5    ]──
      M2
36 ────┤├──────────────────────────────────────[ADD    D1    D5    D5    ]──
      M3
44 ────┤├──────────────────────────────────────[ADD    D2    D5    D5    ]──
      M1
52 ────┤├────────────────────────────────────────────────────(M4    )──
      M2
    ────┤├──┐
      M3
    ────┤├──┤
      M4
    ────┤├──┘
      M4    T1                                              K5
57 ────┤├──┤/├────────────────────────────────────────────(T0    )──
      T0                                                    K5
62 ────┤├──────────────────────────────────────────────────(T1    )──
      T1
66 ────┤├──────────────────────────────[ZCP    K20    K29    D5    M10    ]──
      T2    M20
76 ────┤├──┤├──┐─────────────────────────────────────────(Y000  )──
      M11   │
    ────┤├──┤
      M12   │
    ────┤├──┘
      T4    M21
81 ────┤├──┤├──┐─────────────────────────────────────────(Y001  )──
      M12   │
    ────┤├──┘
      X004  Y000  T6
85 ────┤├──┤├──┤/├─────────────────────────────────────────(M20   )──
      M20   │    └───────────────────────────────────────(Y002  )──
    ────┤├──┤
      Y002  │
    ────┤├──┘
      Y002  T3                                              K5
92 ────┤├──┤/├────────────────────────────────────────────(T2    )──
          │ T2                                              K5
          └─┤├──────────────────────────────────────────(T3    )──
```

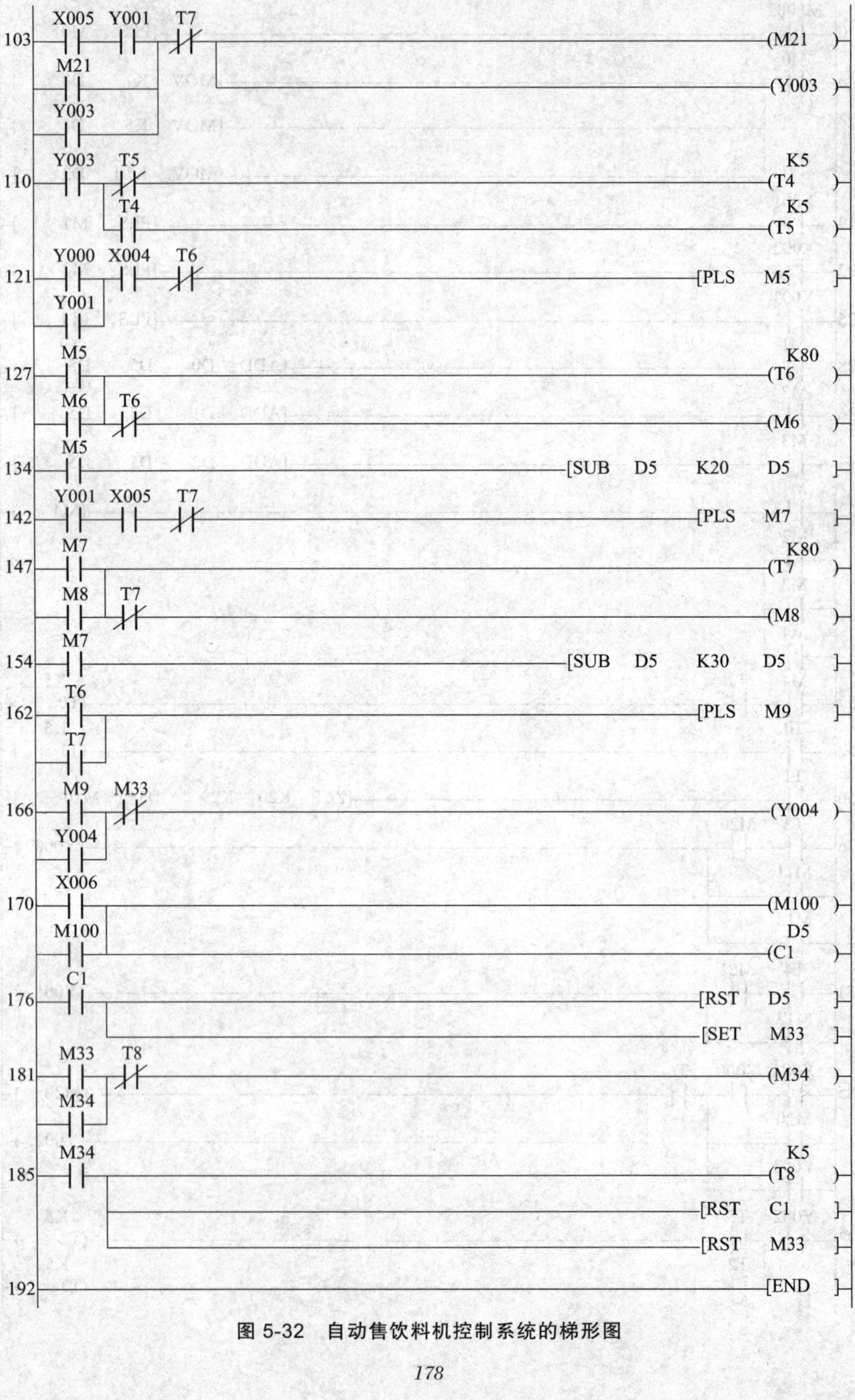

```
        X005 Y001  T7
103 ─────┤├──┤├──┤╱├──────────────────────────────────────────────(M21  )
        M21
     ├──┤├─┤
        Y003                                                        (Y003 )
     └──┤├─┘

        Y003  T5                                                      K5
110 ─────┤├──┤╱├──────────────────────────────────────────────────(T4   )
          T4                                                          K5
     └────┤╱├──────────────────────────────────────────────────────(T5   )

        Y000 X004  T6
121 ─────┤├──┤├──┤╱├─────────────────────────────────────[PLS    M5    ]
        Y001
     └──┤├─┘

         M5                                                          K80
127 ─────┤├──┬─────────────────────────────────────────────────────(T6   )
         M6  │  T6
     ├──┤├──┤╱├─────────────────────────────────────────────────────(M6   )

         M5
134 ─────┤├──────────────────────────────────[SUB    D5    K20    D5   ]

        Y001 X005  T7
142 ─────┤├──┤├──┤╱├─────────────────────────────────────[PLS    M7    ]

         M7                                                          K80
147 ─────┤├──┬─────────────────────────────────────────────────────(T7   )
         M8  │  T7
     ├──┤├──┤╱├─────────────────────────────────────────────────────(M8   )

         M7
154 ─────┤├──────────────────────────────────[SUB    D5    K30    D5   ]

         T6
162 ─────┤├──────────────────────────────────────────────[PLS    M9    ]
         T7
     └──┤├─┘

         M9  M33
166 ─────┤├──┤╱├─────────────────────────────────────────────────(Y004 )
        Y004
     ├──┤├─┤
        X006
     └──┤├─┘

170 ─────┤├────────────────────────────────────────────────────(M100 )
        M100                                                        D5
     ─────┤├──────────────────────────────────────────────────────(C1   )

         C1
176 ─────┤├──────────────────────────────────────────────[RST    D5   ]
     └──────────────────────────────────────────────────────[SET    M33  ]

        M33  T8
181 ─────┤├──┤╱├─────────────────────────────────────────────────(M34  )
        M34
     └──┤├─┘

        M34                                                         K5
185 ─────┤├──────────────────────────────────────────────────────(T8   )
     ├────────────────────────────────────────────────────[RST    C1   ]
     └────────────────────────────────────────────────────[RST    M33  ]

192 ──────────────────────────────────────────────────────────────[END  ]
```

图 5-32　自动售饮料机控制系统的梯形图

项目 5.3　程序控制指令及应用

5.3.1　项目目标

【知识目标】

掌握常用 FX_{2n} 系列 PLC 的条件跳转指令、子程序调用与返回指令，理解中断指令、主程序结束指令、程序循环指令的用法。

【技能目标】

会利用条件跳转指令、子程序调用与返回指令进行梯形图编程；并能够熟练灵活地利用指令进行 PLC 应用系统设计；能独立完成项目的 PLC 外部硬件接线。

5.3.2　项目任务

任务 1　子程序调用编程控制各类线圈状态的变化

程序的运行过程为：

（1）不调用子程序：X000=OFF，X001=OFF，X002=OFF，则 Y000 按 1 s 闪光，Y001=OFF，Y002=OFF，Y005=OFF，Y006=OFF。

（2）仅调用子程序 P1：先使 X001=ON，X002=OFF，并点动 X000=ON，则 Y000 仍按 1 s 闪光，Y001=ON；再使 X001=OFF，Y001 仍为 ON；再点动 X000=ON，则 Y000 仍按 1 s 闪光，而 Y001=OFF。

（3）连续调用子程序 P1→又在子程序 P1 中调用子程序 P2（子程序嵌套）：先使 X002 = ON，X001 = OFF，然后使 X000 = ON（连续调用子程序 P1 及子程序 P2），则输出 Y000 仍按 1 s 闪光，Y005、Y006 和 Y002 按 2 s 闪光。

任务 2　循环、变址和子程序调用程序实例

控制要求：X0 是计算控制端，X1 是复位控制端。设数据寄存器 D0、D1、D2、D3 存储数据分别为 2，3，-1，7。求它们的代数和，将运算结果存入 D10，并用此结果控制输出位组件 K1Y0。请利用循环、变址和子程序调用等功能指令设计梯形图程序。

5.3.3 项目编程的相关知识

三菱 FX$_{2n}$ 系列 PLC 用于程序执行流程控制的应用指令共有十条，指令编号为 FNC00 ~ FNC09。它们在程序中的条件执行与优先处理，与顺控程序的控制流程有关。

对一个扫描周期而言，跳转指令可以使程序出现跨越或跳跃以实现程序段的选择，子程序指令可调用某段子程序，循环指令可多次重复执行特定的程序段，中断指令则用于中断信号引起的中断子程序调用，程序控制类指令可以影响程序执行的流向及内容。对合理安排程序的结构、有效提高程序的功能、实现某些技巧性运算，都有重要的意义。

1. 条件跳转指令

条件跳转指令 CJ（Conditional Jump，FNC00）用于跳过顺序程序中的某一部分，以控制程序的流程。指针 P（Point）用于指示分支和跳步程序，在梯形图中，指针放在左侧母线的左边。该指令的助记符、功能编号、操作元件、程序步如表 5-17 所示。

表 5-17　条件跳转指令

指令助记符	功能编号	指令功能	操作元件 [D.]	程序步
CJ（P）	FNC00（16）	条件跳转，以控制程序的流程	P0 ~ P127 P63 即是 END 所在步，不需标记	CJ，CJP：3 步 标号 P：1 步

条件跳转指令在梯形图中使用的情况如图 5-33 所示。图中跳转指针 P5 对应 CJ P5 跳转指令。

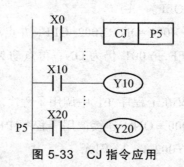

图 5-33　CJ 指令应用

跳转指令执行的意义在于满足跳转条件之后的各个扫描周期中，PLC 将不再扫描执行跳转指令与跳转指针 P△ 间的程序，即跳到以指针 P△ 为入口的程序段中执行。直到跳转的条件不再满足，跳转停止进行。在图 5-33 中，当 X0 为 ON 时，跳转指令 CJ P5 执行条件满足，程序将从 CJ P5 指令处跳至标号 P5 处，接着往下执行程序。

CJ 指令的使用说明：

（1）由于跳转指令具有选择程序段的功能。在同一程序且位于因跳转而不会被同时执行程序段中的同一线圈不被视为双线圈。

（2）可以有多条跳转指令使用同一标号。在图 5-33 中，如 X0 接通，第一条跳转指令有效，从这一步跳到标号 P5 处；如果 X0 断开，而 X10 接通，则第二条跳转指令生效，程序从

第二条跳转指令处跳到 P5 处。但不允许一个跳转指令对应两个标号，即在同一程序中不允许存在两个相同的标号，否则将出错。

（3）标号一般设在相关的跳转指令之后，也可以设在跳转指令之前。但要注意从程序执行顺序来看，如果由于标号在前造成该程序的执行时间超过了警戒时钟设定值，则程序就会出错。

（4）CJ（P）指令表示为脉冲执行方式，使用 CJ（P）指令时，跳转只执行一个扫描周期，但若用辅助继电器 M8000 作为 CJ 指令的工作条件，跳转就成为无条件跳转。

（5）即使被跳过程序的驱动条件改变，其线圈（或结果）仍保持跳转前的状态。

（6）在跳转执行期间定时器和计数器将停止工作，到跳转条件不满足后又继续工作。但对于正在以中断方式工作的定时器和计数器，如定时器 T192～T199 和高速计数器 C235～C255 不管有无跳转仍连续工作。

（7）若定时器和计数器的复位（RST）指令在跳转区外，即使它们的线圈被跳转，但对它们的复位仍然有效。

CJ 指令的编程应用：①利用跳转指令来执行程序初始化工作。如图 5-34 所示，在 PLC 运行的第一个扫描周期中，跳转 CJ P5 不执行，程序执行初始化程序后执行工作程序。而从第二个扫描周期开始，初始化程序则被跨过，不再执行。②利用跳转指令实现手动/自动程序的切换。如图 5-35 所示为一段手动/自动程序切换的梯形图程序。当 X1 为 ON 时，程序跳过自动程序区域，由标号 P0 执行手动工作方式；当 X1 为 OFF 时，则执行自动工作方式。

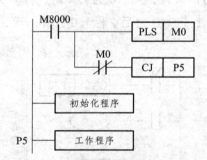

图 5-34　CJ 指令用于程序初始化

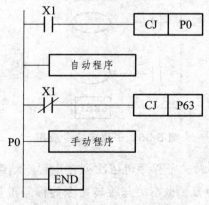

图 5-35　手动/自动切换程序

2. 子程序调用与子程序返回指令

子程序是为了一些特定的控制目的编制的相对独立的程序。为了区别于主程序，规定在程序编排时，将主程序排在前边，子程序排在后边，并以主程序结束指令 FEND（FNC06）将这两部分分隔开。子程序调用指令为 CALL（Sub-Routine Call，FNC01），子程序返回指令为 SRET（Sub-Routine Return，FNC02）。该指令的助记符、指令代码、操作数、程序步如表5-18 所示。

表 5-18　子程序调用与子程序返回指令

指令助记符	功能编号	指令功能	操作元件 [D.]	程序步
CALL（P）	FNC01	子程序调用	指针 P0 ~ P62，P64 ~ P127 嵌套 5 级	CALLP：3 步 指针 P：1 步
SRET	FNC02	子程序返回	无	1 步

子程序调用指令 CALL 用于子程序的调用，各子程序用指针 P0 ~ P62 及 P64 ~ P127 表示，同一指针只能出现一次，CJ 指令中用过的指针不能再用，不同位置的 CALL 指令可以调用同一指针的子程序。子程序返回指令 SRET 用于子程序的返回，无操作数。

子程序指令在梯形图中使用的情况如图 5-36 所示。图中，子程序调用指令 CALL 安排在主程序段中，X0 是子程序执行的条件，当 X0 为 ON 时，标号为 P20 的子程序得以执行。子程序 P20 安排在主程序结束指令 FEND 之后，标号 P20 和子程序返回指令 SRET 间的程序构成了 P20 子程序的内容。

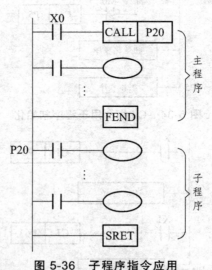

图 5-36　子程序指令应用

当主程序带有多个子程序时，子程序可依次列在主程序结束之后，并以不同的标号相区别。注意：① 转移标号不能重复，也不可与跳转指令的标号重复。② 子程序可以嵌套调用，最多可 5 级嵌套。

3. 中断指令

中断是计算机所特有的一种工作方式，它是指主程序的执行过程中，中断主程序的执行去执行中断子程序。FX$_{2n}$系列PLC的中断事件包括输入中断、定时中断和高速计数器中断。发生中断事件时，CPU停止执行当前的工作，立即执行预先写好的相应的中断程序，执行完后返回被中断的地方，继续执行正常的任务。

中断指令包括中断返回IRET（Interruption Return）、允许中断EI（Interruption Enable）及禁止中断DI（Interruption Disable）三条指令。中断指令的助记符、功能编号、指令功能、操作元件、程序步如表5-19所示。

表 5-19　中断指令的使用要素

指令助记符	功能编号	指令功能	操作元件 [D.]	程序步
IRET	FNC03	中断返回	无	1 步
EI	FNC04	中断允许	无	1 步
DI	FNC05	中断禁止	无	1 步

为了区别不同的中断及在程序中表明中断子程序的入口，规定了中断指针标号。用于中断的指针用来指明某一中断源的中断程序的入口，执行到IRET（中断返回）指令时返回中断事件出现时正在执行的程序。中断指针应在FEND指令（主程序结束指令）之后使用。

输入中断用来接收特定的输入地址号的输入信号，输入中断指针 I□0△。最高位□与X000～X005的元件号相对应，单元的输入号为0～5（从X000～X005输入）。最低位△为0时表示下降沿中断，反之为上升沿中断。输入中断中断标号指针表如表5-20所示。

表 5-20　输入中断中断标号指针表

输入编号	指针编号		中断禁止特殊辅助继电器
	上升中断	下降中断	
X0	I001	I000	M8050
X1	I101	I100	M8051
X2	I201	I200	M8052
X3	I301	I300	M8053
X4	I401	I400	M8054
X5	I501	I500	M8055

定时器中断指针为I6□□～I8□□，低两位是以ms为单位定时时间（1～99 ms）。定时器中断使PLC以指定的周期定时执行中断子程序，循环处理某些任务，处理时间不受PLC扫描周期的影响。M8056～M5058为ON时，将分别禁止定时中断0～2。

计数器中断指针为 I0□0（□=1~6）。计数器中断与 HSCS（高速计数器比较置位）指令配合使用，根据高速计数器的计数当前值与计数设定值的关系来确定是否执行相应的中断服务程序。

中断指令在梯形图中的表示如图 5-37 所示。PLC 通常处于禁止中断的状态，指令 EI 和 DI 之间的程序段为允许中断的区间，若程序执行到中断子程序中 IRET 指令时，返回原断点，继续执行原来的程序。

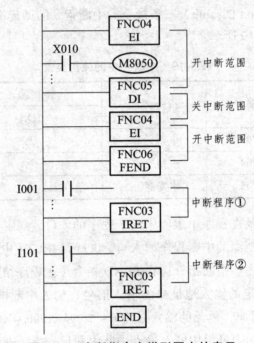

图 5-37　中断指令在梯形图中的表示

中断程序从它唯一的中断指针开始，到第一条 IRET 指令结束。中断程序应放在 FEND 指令之后，IRET 指令只能在中断程序中使用。特殊辅助继电器 M805△ 为 ON 时（△=0~8），禁止执行相应的中断 I△□□（□□是与中断有关的数字）。M8059 = ON 时，关闭所有的计数器中断。

注意：（1）如果有多个中断信号依次发出，则优先级按发生的先后为序，发生越早的优先级越高。如果多个中断源同时发出信号，则中断指针号越小优先级越高。

（2）当 M8050~M8058 为 ON 时，禁止执行相应 I0□□~I8□□ 的中断，M8059 为 ON 时则禁止所有计数器中断。

（3）无需中断禁止时，可只用 EI 指令，不必用 DI 指令。

（4）执行一个中断服务程序时，如果在中断服务程序中有 EI 和 DI，可实现二级中断嵌套，否则禁止其他中断。

4. 主程序结束指令

主程序结束指令的助记符、功能编号、指令功能、操作元件、程序步如表 5-21 所示。

表 5-21　主程序结束指令的使用要素

指令助记符	功能编号	指令功能	操作元件 [D.]	程序步
FEND	FNC06	主程序结束	无	1 步

主程序结束指令的应用举例如图 5-38 所示。当 X010 为 OFF 时,不执行跳转指令,仅执行主程序;当 X010 为 ON 时,执行跳转指令,跳到指针标号 P20 处,执行第二个主程序。在第二个主程序中,若 X011 为 OFF,仅执行第二个主程序,若 X011 为 ON,调用指针标号为 P21 的程序。结束后,通过 SRET 指令返回原断点,继续执行第二个主程序。

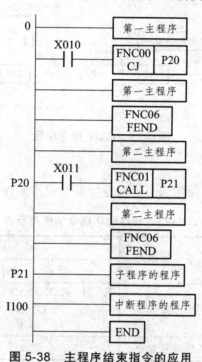

图 5-38　主程序结束指令的应用

注意:FEND 表示主程序结束,当执行到 FEND 时,PLC 进行输入/输出处理,监视定时器刷新,完成后返回起始步。子程序(包括中断子程序)应放在 FEND 指令之后。CALL 指令调用的子程序必须用 SERT 指令结束,中断子程序必须以 IRET 指令结束。子程序和中断服务程序必须写在 FEND 和 END 之间,否则出错。

5. 监视定时器指令

监视定时器指令的助记符、功能编号、指令功能、操作元件、程序步如表 5-22 所示。

表 5-22　监视定时器指令的使用要素

指令助记符	功能编号	指令功能	操作元件 [D.]	程序步
WDT（P）	FNC07	监视定时器刷新	无	1 步

WDT 指令是对 PLC 的监视定时器进行刷新，FX_{2n} 系列 PLC 的监视定时器默认值为 200 ms（可用 D8000 来设定）。当 PLC 的扫描周期（0 ~ END 或 FEND 指令执行时间）超过 200 ms 时，PLC 的 CPU-E 指示灯亮、PLC 停机，因此需在程序的中途插入 WDT 指令，使 PLC 的监视定时器刷新，如图 5-39 所示。

注意：（1）如果在后续的 FOR-NEXT 循环中，执行时间可能超过监视定时器的定时时间，可将 WDT 插入循环程序中。（2）当与条件跳转指令 CJ 对应的指针标号在 CJ 指令之前时（即程序往回跳），就有可能连续反复跳步使它们之间的程序反复执行，使执行时间超过监控时间，可在 CJ 指令与对应标号之间插入 WDT 指令。

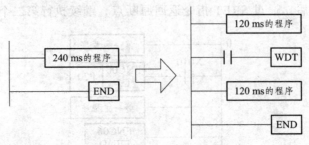

图 5-39 WDT 指令应用

6. 程序循环指令

程序循环指令的助记符、功能编号、指令功能、操作元件、程序步如表 5-23 所示。

表 5-23   程序循环指令的使用要素

指令助记符	功能编号	指令功能	操作元件 [S]	程序步
FOR	FNC08	循环开始指令	K、H、KnX、KnY、KnM、KnS、T、C、D、V、Z 嵌套：5 级	3 步
NEXT	FNC09	循环结束指令	无	1 步

FOR 和 NEXT 指令是成对出现的，如图 5-40 所示。梯形图中各有两条 FOR 和 NEXT 指令，构成二层循环。循环次数由 FOR 指令后的 n 值指定，$n \in [1, 32\ 767]$，若 $n \in [-32\ 767, 0]$ 之间，则当作 $n=1$ 处理。运行时，位于 FOR ~ NEXT 间的程序反复执行 n 次后再继续执行后续程序。

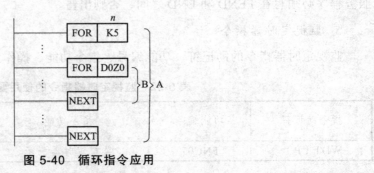

图 5-40 循环指令应用

注意：（1）FOR 和 NEXT 必须成对使用；（2）FX$_{2n}$ 系列 PLC 可循环嵌套 5 层；（3）在循环中可利用 CJ 指令在循环没结束时跳出循环体；（4）FOR 应放在 NEXT 之前，NEXT 应在 FEND 和 END 之前，否则出错。循环指令用于某些需反复操作的场合，如对某一采样数据做一定次数的加权运算等。

5.3.4 项目实施

任务 1 子程序调用编程控制各类线圈状态的变化

1. 项目分析

（1）不调用子程序：Y000 按 1 s 闪光，则线圈 Y000 的控制必须由两个定时器控制其亮 1 s，熄灭 1 s。

（2）仅调用子程序 P1：先使 X001=ON，X002=OFF，并点动 X000=ON，则 Y000 仍按 1 s 闪光，Y001=ON；再使 X001=OFF，Y001 仍为 ON；再点动 X000=ON（第二次调用子程序 P1），则 Y000 仍按 1 s 闪光，而 Y001=OFF。说明：①子程序被调用后线圈的状态将被锁存，一直到下一次调用时才能改变；子程序 P1 能够调用的条件是点动 X000=ON，Y001=ON 的条件是子程序 P1 能够调用，并且 X001=ON。

（3）连续调用子程序 P1→又在子程序 P1 中调用子程序 P2（子程序欠套）：先使 X002=ON，X001 = OFF，然后使 X000=ON（连续调用子程序 P1 及 P2），则输出 Y000 仍按 1 s 闪光，Y005、Y006 和 Y0002 按 2 s 闪光。说明：Y005、Y006 和 Y002 线圈受子程序 P2 的控制，那么在子程序 P2 内，其按 2 s 闪光要采用 T192～T199 定时器。

2. I/O 地址分配及硬件连接

根据控制要求，在子程序调用编程控制各类线圈状态的变化的控制过程中，有 3 个输入元件，即 X000（点动，不带锁），X001（带锁），X002（带锁）；有 5 个输出元件，即 Y000、Y001、Y002、Y005 和 Y006。子程序调用编程控制各类线圈状态的变化的 I/O 元件的地址分配如表 5-24 所示。

表 5-24　I/O 元件的地址分配

输入		功能说明	输出		功能说明
K6（不带锁）	X000	子程序 P1 调用条件	Y1	Y000	线圈 1
K7（带锁）	X001	Y1 线圈接通条件	Y2	Y001	线圈 2
K8（带锁）	X002	子程序 P2 调用条件	Y3	Y002	线圈 3
			Y4	Y005	线圈 4
			Y5	Y006	线圈 5

用基本指令与功能指令实现的子程序调用编程控制各类线圈状态变化的 PLC 的 I/O 外部硬件接口电路，如图 5-41 所示。

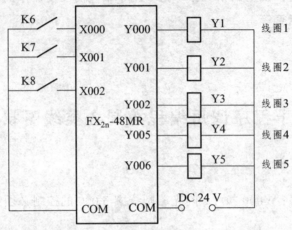

图 5-41 子程序调用控制线圈外部 I/O 硬件接线图

3. 软件程序设计

根据系统的控制要求及 I/O 分配，设计出子程序调用编程控制各类线圈状态变化控制的 PLC 梯形图，如图 5-42 所示。其指令表程序见图 5-43 所示。

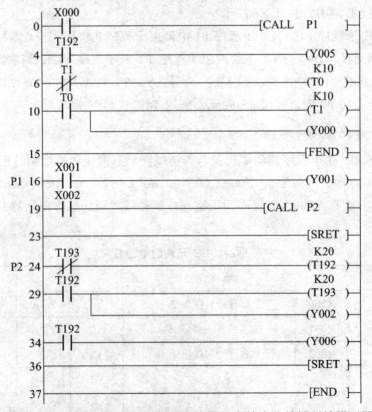

图 5-42 子程序调用编程控制各类线圈状态的变化的控制的梯形图

0	LD	X000		20	CALL	P2	
1	CALL	P1		23	SRET		
4	LD	T192		24	P2		
5	OUT	Y005		25	LDI	T193	
6	LDI	T1		26	OUT	T192	K20
7	OUT	T0	K10	29	LD	T192	
10	LD	T0		30	OUT	T193	K20
11	OUT	T1	K10	33	OUT	Y002	
14	OUT	Y000		34	LD	T192	
15	FEND			35	OUT	Y006	
16	P1			36	SRET		
17	LD	X001		37	END		
18	OUT	Y001					
19	LD	X002					

图 5-43 子程序调用编程控制各类线圈状态的变化控制的指令表

任务 2 循环、变址和子程序调用程序实例

现给出参考程序，请读者自行分析与思考。如图 5-44 所示。

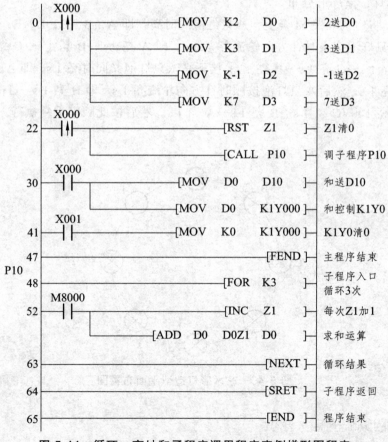

图 5-44 循环、变址和子程序调用程序实例梯形图程序

项目 5.4　循环与移位指令及应用

5.4.1　项目目标

【知识目标】

掌握常用 FX_{2n} 系列 PLC 的循环与移位指令的用法。

【技能目标】

会利用循环与移位指令进行梯形图编程；并能够熟练灵活地利用这些指令进行 PLC 应用系统设计；能独立完成项目的 PLC 外部硬件接线。

5.4.2　项目任务

艺术彩灯造型的 PLC 控制。

艺术彩灯控制要求。某艺术彩灯造型演示板如图 5-45 所示，图中 A，B，C，D，E，F，G，H 为八只彩灯，呈环形分布。

控制要求：将启动开关 Sl 合上，八只灯泡同时亮，即 A，B，C，D，E，F，G，H 同时亮 1 s；接着八只灯泡按逆时针方向轮流各亮 1 s，即 A 亮 1 s→B 亮 1 s→C 亮 1 s→D 亮 1 s→E 亮 1 s→F 亮 1 s→G 亮 1 s→H 亮 1 s；接下来八只灯泡又同时亮 1 s，即 A，B，C，D，E，F，G，H 同时亮 1 s；然后八只灯泡按顺时针方向轮流亮 1 s，即 H 亮 1 s→G 亮 1 s→F 亮 1 s→E 亮 1 s→D 亮 1 s→C 亮 1 s→B 亮 1 s→A 亮 1 s。然后按此顺序重复执行。按下停止开关 Sl，所有灯灭。

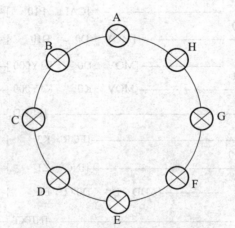

图 5-45　艺术彩灯造型平面布置图

5.4.3　项目编程的相关知识

FX_{2n} 系列 PLC 循环与移位指令是使位数据或字数据向指定方向循环、位移的指令。

1. 左右循环移位指令

左右循环移位指令的助记符、功能编号、指令功能等如表 5-25 所示。

表 5-25   左右循环移位指令表

指令助记符	功能编号	指令功能	操作元件		程序步
			[D.]	n	
ROR、ROR（P）	FNC30（16/32）	使操作元件[D.]中数据循环右移 n 位	KnY、KnM、KnS、T、C、D、V、Z	K，H N≤16（32）	16 位操作：5 步 32 位操作：9 步
ROL、ROL（P）	FNC30（16/32）	使操作元件[D.]中数据循环左移 n 位	KnY、KnM、KnS、T、C、D、V、Z	K，H N≤16（32）	16 位操作：5 步 32 位操作：9 步

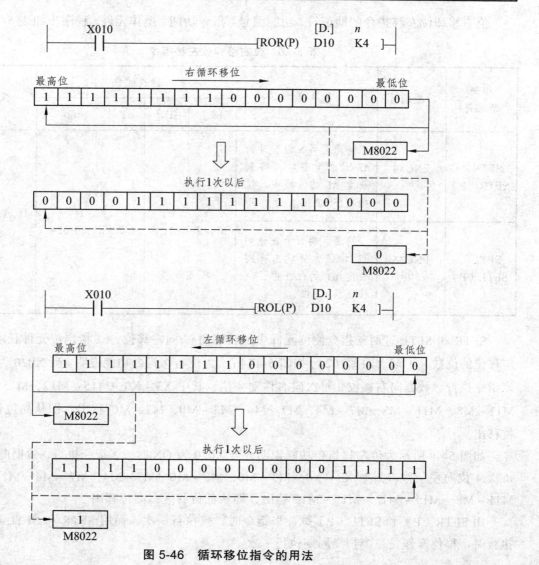

图 5-46   循环移位指令的用法

191

循环右移与循环左移指令功能说明如图 5-46 所示。当 X010 为 ON 时，ROR（P）指令执行，ROR（P）指令使得[D.]内的各位数据[1111111100000000]循环向右移 4 位，最后一次从最低位移出的状态（即"0"）存于进位标志 M8022 中。当 X010 为 ON 时，ROL（P）指令执行，ROL（P）指令使得[D.]内的各位数据[1111111100000000]循环向左移 4 位，最后一次从最高位移出的状态（即"1"）存于进位标志 M8022 中。

注意：循环右移和循环左移中的 D 可以是 16 位数据寄存器，也可以是 32 位数据寄存器。（1）目标元件中指定位元件的组合只有在 K4（16 位）和 K8（32 位）时有效，如 K4M10、K8M10；（2）最后移出来的位的状态同时存入进位标志 M8022 中；（3）对于连续执行的指令，循环移位操作每个扫描周期执行一次。

2. 位右移和位左移指令

位右移和位左移指令的助记符、功能编号、指令功能、操作元件、程序步如表 5-26 所示。

表 5-26　位右移和位左移指令

指令助记符	功能编号	指令功能	操作元件				程序步
			[S.]	[D.]	n1	n2	
SFTR、SFTR（P）	FNC34（16）	将源元件 S 为首址的 n2 位位元件状态存到长度 n1 的位栈中，位栈右移 n2 位	X、Y、M、S	Y、M、S	K、H n2≤n1≤1 024		16 位操作：9步
SFTL、SFTL（P）	FNC35（16）	将源元件 S 为首址的 n2 位位元件状态存到长度 n1 的位栈中，位栈左移 n2 位					

SFTR 和 SFTL 这两条指令使位元件中的状态向右/向左移位，n1 指定位元件长度，n2 指定移位的位数，且 n2≤n1≤1024。如图 5-47 所示为位右移指令功能说明。当 X020 为 ON 时，该指令执行，数据向右移位。每次向右移动 4 位，其中 X3～X0→M15～M12，M15～M12→M11～M8，M11～M8→M7～M4，M7～M4→M3～M0，M3～M0 移出，即从高位移入，低位移出。

如图 5-48 所示为位左移指令功能说明。当 X020 为 ON 时，该指令执行，数据向左移位。每次 4 位向左一移，其中 X3～X0→M3～M0，M3～M0→M7～M4，M7～M4→M11～M8，M11～M8→M15～M12，M15～M12 移出，即从低位移入，高位移出。

用 SFTR（P）和 SFTL（P）脉冲型指令时，仅执行一次，而用 SFTR 和 SFTL 连续指令执行时，移位操作是每个扫描周期执行一次。

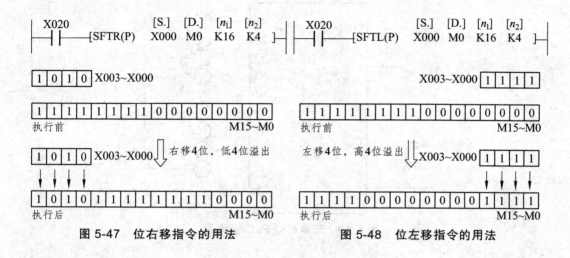

图 5-47 位右移指令的用法　　　　图 5-48 位左移指令的用法

5.4.4 项目实施

1. 项目分析

分析控制要求,结合传送与比较、循环移位等功能指令,可以得出,由左移位指令(SFTL)和右移位指令(SFTR)就可实现八只灯泡按逆时针方向轮流各亮 1 s 和按顺时针方向轮流亮1 s;由批复位指令(ZRST)实现所有状态的复位,所有灯灭。

2. I/O 地址分配及硬件连接

根据控制要求,在艺术彩灯控制过程中,有 2 个输入元件,即启动开关 S1(X0),停止开关 S2(X1);有 8 个输出元件,即 8 只彩灯,分别对应输出元件 Y0~Y7。艺术彩灯控制系统的 I/O 元件的地址分配如表 5-27 所示。

表 5-27　I/O 元件的地址分配

输入		功能说明	输出		功能说明
S1	X0	启动开关	D	Y3	白灯
S2	X1	停止开关	E	Y4	黄灯
输出		功能说明	F	Y5	绿灯
A	Y0	黄灯	G	Y6	红灯
B	Y1	绿灯	H	Y7	白灯
C	Y2	红灯			

用基本指令与功能指令实现的艺术彩灯控制的 PLC 的 I/O 外部硬件接口电路如图 5-49 所示。

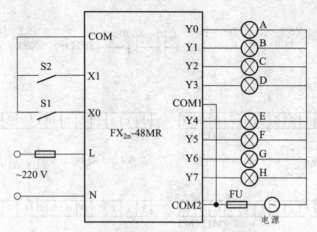

图 5-49　艺术彩灯 PLC 接线图

3. 软件程序设计

根据系统的控制要求及 I/O 分配,设计出艺术彩灯变化控制的 PLC 梯形图如图 5-50 所示。由于其指令表很多, 就不列举, 请读者自行分析。

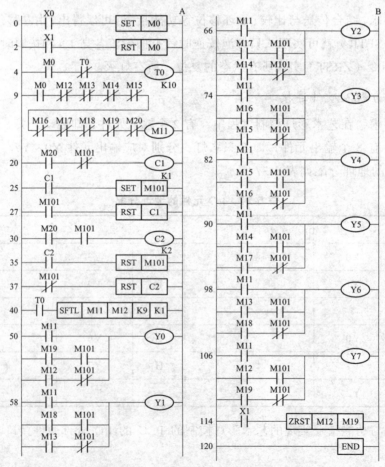

图 5-50　艺术彩灯控制系统梯形图程序

194

PLC 运行时，程序 9~19 步中，M11 导通，由于程序 50~120 步中，M11 动合触点闭合，分别控制了 Y0~Y7 的导通，因 T0 延时 1 s，因而彩灯 A，B，C，D，E，F，G，H 同时点亮并延时 1 s。1s 后，程序第 40 步，T0 动合触点闭合，移位指令执行，实现轮流点亮，即 A，B，C，D，E，F，G，H 轮流点亮。程序 20~29 步中，当 M20 导通时，将 M101 置位，由 M101 动合触点与 M12~M19 动合触点闭合，分别每隔 1s 轮流点亮 H~A。程序 30~39 步中，当 M20 通时，将 M101 复位，M101 动断触点与 M12~M19 动合触点配合，分别串联每隔 1 s 点亮 A~H。只要将停止开关 S2 合上，程序 114~119 步，区间复位指令使 M12~M19 全部复位，所有灯均不亮。

项目 5.5　数据处理指令及应用

5.5.1　项目目标

【知识目标】

掌握常用 FX$_{2n}$ 系列 PLC 的区间复位指令、解码与编码指令和平均值指令的用法。

【技能目标】

会利用区间复位指令、解码与编码指令和平均值指令进行梯形图编程，并能够熟练灵活地利用这些指令进行 PLC 应用系统设计；能独立完成项目的 PLC 外部硬件接线。

5.5.2　项目任务

运用编、译码指令编程实现项目 5.1 中送料车的控制要求

5.5.3　项目编程的相关知识

常用的数据处理指令有区间复位指令、解码指令、编码指令、平均值指令、平方根指令、二进制整数→二进制浮点数转换指令等。下面主要介绍区间复位指令、解码指令、编码指令、平均值指令。

1. 区间复位指令

区间复位指令 ZRST(Zone Reset)将 D1~D2 指定的元件号范围内的同类元件成批复位。如果 D1 的元件号大于 D2 的元件号，则只有 D1 指定的元件被复位。单个位元件和字元件可以用 RST 指令复位。区间复位指令的助记符、功能编号、指令功能、操作元件、程序步如表 5-28 所示。

表 5-28　区间复位指令

指令助记符	功能编号	指令功能	操作元件		程序步
			[D1.]	[D2.]	
ZRST、ZRST（P）	FNC40（16）	使 D1～D2 指定的元件号范围内的同类元件成批复位	Y、M、S、T、C、D D1 元件号≤D2 元件号		16 位操作：5 步

区间复位指令也称为成批复位指令，如图 5-51 所示。当 PLC 由 OFF→ON 时，区间复位指令执行。位元件 Y0～Y7 成批复位、字元件 D0～D100 成批复位、状态元件 S0～S127 成批复位。

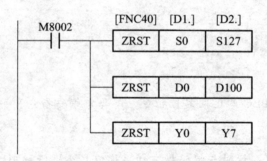

图 5-51　ZRST 指令应用

该指令为 16 位处理，但是可在[D1.]、[D2.]中指定 32 位计数器。不过不能混合指定，即不能在[D1.]中指定 16 位计数器，在[D2.]中指定 32 位计数器。

2. 解码与编码指令

解码（译码）指令 DECO（Decode）的位源操作数可以取 X、Y、M 和 S，位目的操作数可以取 Y、M 和 S。字源操作数可以取 K、H、T、C、D、V 和 Z，字目的操作数可以取 T、C 和 D，$n=1～8$，只有 16 位运算。编码指令 ENCO（Encode）也只有 16 位运算，当[S.]指定的源操作数是字元件 T、C、D、V 和 Z 时，应使 $n≤4$，当[S·]指定的源操作数是位元件 X、Y、M 和 S，应使 $n=1～8$，目标元件可以取 T、C、D、V 和 Z。若指定源操作数中为 1 的位不只一个，只有最高位的 1 有效。若指定源操作数中所有的位均为 0，则出错。

解码（译码）指令 DECO（Decode）、编码指令 ENCO（Encode）的助记符、功能编号、指令功能、操作元件、程序步如表 5-29 所示。

表 5-29　解码与编码指令

指令助记符	功能编号	指令功能	操作元件			程序步
			[S.]	[D.]	n	
DECO、 DECO（P）	FNC41 （16）	源元件 S 为首址的 n 位连续的位元件所表示的十进制码值为 Q，DECO 指令将[D.]为首地址目标元件的第 Q 位(不含目标元件本身) 置1	K、H、X、 Y、M、S、 T、C、D、 V、Z	Y、M、S、 T、C、D	K、H $1 \leqslant n \leqslant 8$	16 位操作：7 步
ENCO、 ENCO（P）	FNC42 （16）	当[S.]是位元件时，以源[S.]为首地址、长度为 2^n 的位元件中，最高置1的位被存放到目标[D.]中去，[D.]中数值的范围由 n 确定	X、Y、M、 S、T、C、 D、V、Z	T、C、D、 V、Z		

图 5-52（a）中：X002～X000 组成的 3 位（n = 3）二进制数为 011，相当于十进制数 3，由目标操作数 M7～M0 组成的 8 位二进制数的第 3 位（M0 为第 0 位）M3 被置 1，其余各位为 0。如源数据全零，则 M0 置 1。

若 D 指定的目的元件是字元件 T、C、D，应使 n≤4，目的元件的每一位都受控，若 D 指定的目的元件是位元件 Y、M、S，应使 n≤8。n=0 时，不做处理。利用解码指令，可以用数据寄存器汇总的数值来控制指定位元件的 ON/OFF。

图 5-52（b）中：n = 3，编码指令将源元件 M7～M0 中为"1"的 M3 的位数 3 编码为二进制数 011，并送到目标元件 D10 的低 3 位。解码/编码指令在 n=0 时不做处理。当执行条件 OFF 时，指令不执行，输出保持不变。

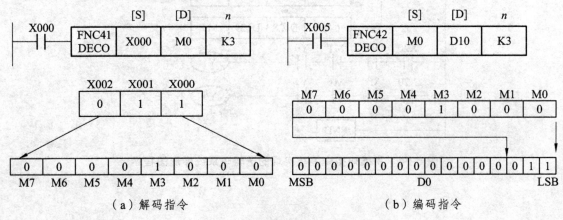

（a）解码指令　　　　　　　　（b）编码指令

图 5-52　解码与编码指令说明

197

3. 平均值指令

平均值（MEAN）指令的助记符、功能编号、指令功能、操作元件、程序步如表 5-30 所示。

表 5-30　平均值指令

指令助记符	功能编号	指令功能	操作元件			程序步
			[S.]	[D.]	n	
MEAN（P）、 （D）MEAN （P）	FNC45 （16/32）	将 n 个源 数据的 平均值送到 指定目标 元件	KnX、KnY、KnM、 KnS、T、C、D	KnY、KnM、 KnS、T、C、D、 V、Z	K、H N=1～64	16 位操作：9 步 32 位操作：13 步

该指令的功能说明如图 5-53 所示。当 X020 为 ON 时，源[S.]指定的 n 个（n=8）数据的代数和被 8 除所得的商（即平均值）送到[D12]指定的目标中，而除得余数舍去。n 在 1～64 之内，超过 64 则出错。

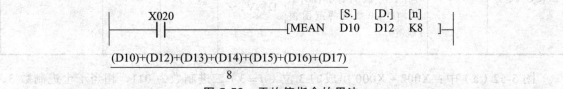

$$\frac{(D10)+(D12)+(D13)+(D14)+(D15)+(D16)+(D17)}{8}$$

图 5-53　平均值指令的用法

5.5.4　项目实施

运用编码指令 ENCO 编程取代项目 5.1 梯形图中的传送指令 MOV 编程，从而能大大简化程序，如图 5-54 所示。

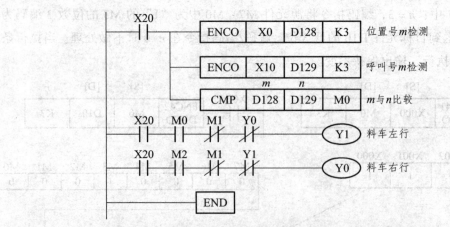

图 5-54　用编码指令编程实现的送料车系统梯形图程序

模块6 FX₂ₙ系列PLC模拟量处理功能的应用

项目6.1 制冷中央空调温度控制

6.1.1 项目目标

【知识目标】

掌握模拟量模块 FX$_{2n}$-4AD-PT 的使用方法，掌握模拟量模块之间的数据通信指令 FROM 和 TO 指令，掌握模拟量控制系统的设计方法。

【技能目标】

能根据实际控制要求设计模拟量控制系统的程序，能使用模拟量模块 FX$_{2n}$-4AD-PT。

6.1.2 项目任务

设计一个制冷中央空调温度控制。

6.1.3 项目编程的相关知识

现代工业控制许多新课题，如果仅仅靠通用 I/O 模块来解决，一方面在硬件上的费用高，软件编程实现麻烦，另一方面有些控制任务无法用通用 I/O 来完成。鉴于此，各厂家开发出来的品种繁多的特殊功能单元，增强了 PLC 的功能，扩大了应用范围，也为 PLC 的智能化、网络化、专业化提供了基础。PLC 功能模块的模拟量处理功能，适应较为复杂的模拟量控制，用于实现 CPU 无法实现的特定功能的单元，其功能的实现独立于 CPU。

1. 模拟量输入/输出模块及其应用

模拟量输入模块（A/D 模块）是把现场连续变化的模拟信号转换成适合 PLC 内部处理的数字信号。输入的模拟信号经运算放大器放大后进行 A/D 转换，再经光电耦合器为 PLC 提供一定位数的数字信号。

模拟量输出模块（D/A 模块）是将 PLC 运算处理后的数字信号转换为相应的模拟信号输出，以满足生产过程现场连续控制信号的需求。模拟信号输出接口一般由光电隔离、D/A 转换和信号驱动等环节组成。

FX$_{2n}$ 系列的 PLC 有关模拟量的特殊功能模块如图 6-1 所示。PLC 对特殊功能模块控制统一应用指令格式，以模拟量输入模块 FX$_{2n}$-4AD 与 PLC 主机间通信的原理如图 6-2 所示。三菱 FX 系列 PLC 中设置专门用于 PLC 与模块间进行信息交换的区域为缓冲存储器（BFM）。缓冲存储器包括内容有模块控制信号位、模块参数等控制条件、模块工作状态信息、运算与处理结果、出错信息等。FX_{2n} 系列 PLC 最多可连接 8 个特殊功能模块，并且赋予模块号，模块号从最靠近 PLC 基本单元开始顺序编号，依次为 NO.0 ~ NO.7（见图 6-3），模块号可供 FROM/TO 指令指定哪个模块工作。有些特殊模块内有 32 个 16 位 RAM，称为缓冲存储器（BFM），缓冲存储器编号范围为#0 ~ #31，其内容根据各模块而定。

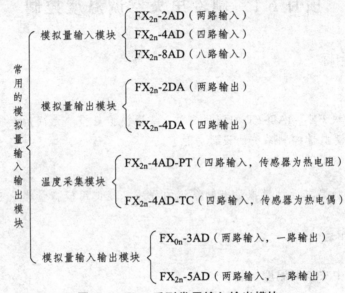

图 6-1　FX_{2n} 系列常用输入输出模块

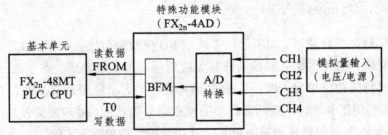

图 6-2　特殊功能模块（FX_{2n}-4AD）工作原理示意图

图 6-3　PLC 主机与模块连接图

FROM/TO 指令的助记符、功能编号、操作数范围和程序步如表 6-1 所示。

表 6-1　FROM/TO 指令

指令助记符	功能编号	指令功能	操作数范围				程序步
			$m1$	$m2$	[D.]/[S.]	n	
FROM、 FROM（P）	FNC78 （16/32）	将特殊功能模块的缓冲器（BFM）的内容读入到PLC指定的地址中，为一个读指令	K、H $m1=0\sim7$ 特殊单元模块号	K、H $m2=0\sim31$ BFM 号	KnY、KnM、KnS、T、C、D、V、Z	K、H 16 位： $n=1\sim32$； 32 位： $n=1\sim16$ 传送字点数	16位操作：9步 32位操作：17步
TO、 TO（P）	FNC79 （16/32）	将PLC指定的地址的数据写入特殊功能模块缓冲器（BFM）中，为一个写指令			K、H、KnX、KnY、KnM、KnS、T、C、D、V、Z		

FROM 指令具有将特殊模块号中的缓冲存储器（BFM）的内容读到可编程序控制器的功能。16 位 BFM 读出指令梯形图如图 6-4 所示。当驱动条件 X000 为 ON 时，指令根据 $m1$ 指定的 NO.1（$m1=1$）特殊模块，对 $m2$ 指定的 #29 缓冲存储器（BFM）内 16 位数据读出并传送到 PLC 的 K4M0 中。若指定为 K1（传送点数），表示只读取当前缓冲区的地址；若是 K2，表示要读取当前缓冲区及下一个缓冲区的地址，K3 则是当前和下两个缓冲区的地址，以此类推。

若 X000 为 OFF，不执行读出传送，传送地点的数据不变，脉冲型指令 FROM（P）执行后也一样。

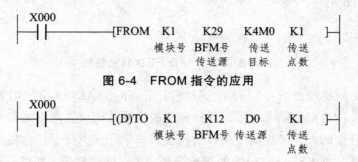

图 6-4　FROM 指令的应用

图 6-5　TO 指令的应用

TO 指令具有从 PLC 对特殊模块缓冲存储器（BFM）写入数据的功能。32 位 BFM 写入指令梯形图如图 6-5 所示。当驱动条件 X000 为 ON 时，指令将 [S.] 指定的（D1、D0）中 32 位数据写入 $m1$ 指定的 NO.1 特殊模块中的 13 号、12 号缓冲存储器（BFM）。若 X000 为 OFF，不执行写入传送，传送地点的数据不变，脉冲型指令 TO（P）执行后也一样。

2. 模拟量输入模块 FX₂ₙ-4AD-PT

FX₂ₙ-4AD-PT 为高精度温度模拟量输入模块，该模块有 4 个 A/D 输入通道，将 4 个铂电阻温度传感器的输入信号放大后，再转换成 12 位的可读数据存储在主处理单元（MPU）中。该模块对摄氏度和华氏度都可以读取。FX₂ₙ-4AD-PT 的主要技术指标如表 6-2 所示。

表 6-2 FX₂ₙ-4AD-PT 模拟量输入模块技术指标

项 目	摄氏度	华氏度
模拟量输入信号	铂温度 PT100 传感器（100 Ω），3 线，4 通道	
传感器电流	1 mA（PT100 传感器 100 Ω时）	
补偿范围	− 100 ~ 600 ℃	− 148 ~ 1 112
数字输出	− 1 000 ~ 6 000	− 1 480 ~ 11 120
	12 转换（11 个数据位 + 1 个符号位）	
最小分辨率	0.2 ~ 0.3 ℃	0.36 ~ 0.54 ℉
整体精度	满量程的 ±1%	
转换速度	15 ms	
电源	主单元提供 5 V、30 mA 直流，外部提供 24 V/50 mA 直流	
占用 I/O 点数	占用 8 个点，可分配为输入或输出	
适用 PLC	FX₁ₙ、FX₂ₙ、FX₂ₙC	

FX2N-4AD-PT 的转换特性如图 6-6 所示。

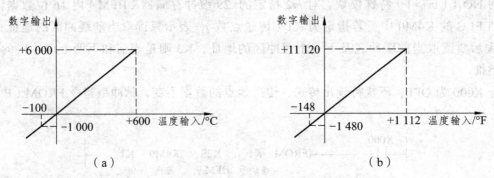

（a）   （b）

图 6-6 FX₂ₙ-4AD-PT 的转换特性

FX₂ₙ-4AD-PT 的接线如图 6-7 所示。请注意：① FX₂ₙ-4AD-PT 应使用 PT100 传感器的电缆或双绞屏蔽电缆作为模拟输入电缆，并且和电源线或其他可能产生电气干扰的电线隔开；② 可以采用压降补偿的方式来提高传感器的精度。如果存在电气干扰，将电缆屏蔽层与外壳地线端子（FG）连接到 FX₂ₙ-4AD-PT 的接地端和主单元的接地端。如可行的话，可在主单元使用 3 级接地。③ FX₂ₙ-4AD-PT 可以使用可编程控制器的外部或内部的 24 V 电源。

PLC 基本单元与 FX₂ₙ-4AD-PT 之间的数据通信通过缓冲存储器（BFM）的读写来实现。FX₂ₙ-4AD-PT 的 BFM 的数据缓冲寄存器 BFM#0 ~ BFM#31 的设置内容说明如表 6-3 所示。

（1）BFM#1 ~ BFM#4 分别为 1 ~ 4 通道采样值的平均值。1 ~ 4 096 为采样平均值有效范围，溢出的值将被忽略，默认值为 8。

（2）BFM#5～BFM#8 和 BFM#13～BFM#16 为最近转换数据的一些可读平均值。

（3）BFM#9～BFM#12 和 BFM#17～BFM#20 用于保持输入数据的当前值，两者的单位分别为 0.1 °C 和 0.1 °F。分别是通道 1--4 转换数据的当前值。

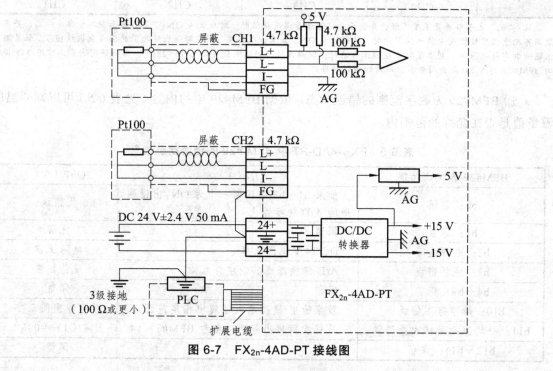

图 6-7　FX$_{2n}$-4AD-PT 接线图

表 6-3　FX$_{2n}$-4AD-PT 的 BMF 分配表

BFM	内　容	说　明
*#1～#4	CH1～CH4 的平均温度值的采样次数（1～4 096），默认值=8	①平均温度的采样次数被分配 BFM#1～#4。只有 1～4096 的范围是有效的，溢出的值将被忽略，默认值为 8
*#5～#8	CH1～CH4 在 0.1 °C 单位下的平均温度	
*#9～#12	CH1～CH4 在 0.1 °C 单位下的当前温度	②最近转换的一些可读值被平均后，给出一个平均后的可读值。平均数据保存在 BFM 的#5～#8 和#13～#16 中
*#13～#16	CH1～CH4 在 0.1 °F 单位下的平均温度	
*#17～#20	CH1～CH4 在 0.1 °F 单位下的当前温度	③ BFM#9～#12 和#17～#20 保存输入数据的当前值。这个数值以 0.1 °C 或 0.1 °F 为单位，不过可用的分辨率为 0.2 °C～0.3 °C 或者 0.36～0.54 °F
*#21～#27	保留	
*#28	数字范围错误锁存	
*#29	错误状态	
*#30	识别号 K2040	
*#31	保留	

（4）BFM#28 为数字范围错误锁存。BFM#28 锁存每个通道的错误信息，用于检查热电偶是否断开。FX$_{2n}$-4AD-PT 中 BFM #28 错误锁存信息如表 6-4 所示。

表 6-4　FX₂ₙ-4AD-PT 中 BFM #28 错误锁存信息

表 6-4　FX$_{2n}$-4AD-PT 中 BFM #28 错误锁存信息

b15 到 b8	b7	b6	b5	b4	b3	b2	b1	b0
未用	高	低	高	低	高	低	高	低
	CH4		CH3		CH2		CH1	

注："低"表示当测量温度下降，并低于最低可测量温度极限时，对应位为 ON；"高"表示当测量温度升高，并高于最高可测量温度极限或者热电偶断开时，对应位为 ON。如果出现错误，则在错误出现之前的温度数据被锁存。如果测量值返回到有效范围内，则温度数据返回正常运行，但错误状态仍然被锁存在 BFM#28 中。当错误消除后，可用 TO 指令向 BFM#28 写入 K0 或关闭电源，以清除错误锁存。

（5）BFM#29 为数字范围的错误状态。依据 BFM#29 中的内容（见表 6-5）可以判断温度测量值是否在允许的范围内。

表 6-5　FX$_{2n}$-4AD-PT 中 BFM #29 的错误状态信息

BFM#29 各位的功能	ON（1）	OFF（0）
b0：错误	如果 b1~b3 中任何一个为 ON，出错通道的 A/D 转换停止	无错误
b1：保留	保留	保留
b2：电源故障	DC 24 V 电源故障	电源正常
b3：硬件错误	A/D 转换器或其他硬件故障	硬件正常
b4~b9：保留	保留	保留
b10：数字范围错误	数字输出/模拟输入值超出指定范围	数字输出值正常
b11：平均值的采样次数错误	采样次数超出范围，参考 BFM#1~#4	正常（1~4 096）
b12~b15：保留	保留	保留

（6）BFM#30 中存放的是特殊功能模块的识别码，FX$_{2n}$-4AD-PT 单元的识别码为 K2040。在 PLC 用户程序中使用这个号码，可以在数据交换前确认此功能模块。

3. 实例程序

如图 6-8 所示的程序中，FX$_{2n}$-4AD-PT 模块占用特殊功能模块 0 的位置（即紧靠可编程控制器），平均采样次数是 4，输入通道 CH1~CH4 以摄氏温度表示的平均温度值分别保存在数据寄存器 D10~D13 中。

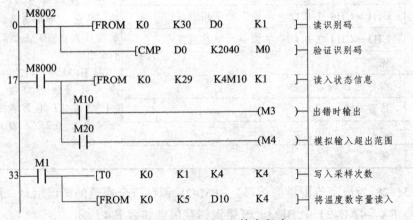

图 6-8　FX$_{2n}$-4AD-PT 基本程序

6.1.4 项目实施

1. 项目要求

该制冷中央空调的制冷系统使用两台电机型空气压缩机组，当用户按下启动按钮后系统以默认的最低温度 16 °C 开始运行，用户可以通过温度增减按钮设定所需温度（最高设定温度为 28 °C）。此时温度传感器开始检测室内温度并将检测到的温度通过 FX$_{2n}$-4AD-PT 特殊功能模块转换成数字量送入 PLC 中，当检测到的温度在低于设定温度时不启动机组，在温度高于设定温度时启动一台空气压缩机，2 s 后启动另一台空气压缩机。当温度降低到设定温度时停止其中一台空气压缩机组，要求先启动的一台空气压缩机停止，当温度降到 14 °C 时另一台空气压缩机也停止运行，温度低于 9 °C 时，系统发出超低温报警，3 s 后系统自动停止运行。当用户按下停止按钮后系统立刻停止运行。

2. 项目分析

在这个控制系统中，温度点的检测可以使用带开关量输出的温度传感器来完成。但是有的系统的温度检测点很多，或根据环境温度变化要经常调整温度点，要用很多开关量温度传感器，占用较多的输入点，安装布线不方便，把温度信号用温度传感器转换成连续变化的模拟量，那么这个制冷机组的控制系统就是一个模拟量控制系统。对于一个模拟量控制系统，采用 PLC 控制，性能可以得到极大的改善。在这里可以选用 FX$_{2n}$-48MR 基本单元与 FX$_{2n}$-4AD-PT 模拟量输入单元，就能方便地实现控制要求。

根据系统控制要求，绘出系统的方框图如图 6-9 所示。

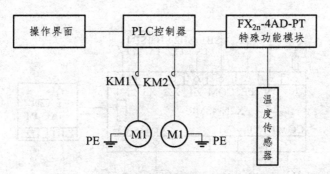

图 6-9 中央空调温度控制系统方框图

3. 中央空调温度控制系统的 I/O 分配表及外部硬件接线图

根据系统控制要求，绘出系统的主电路的电路图（见图 6-10）。

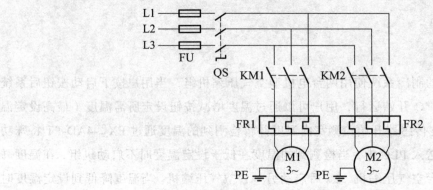

图 6-10　中央空调温度控制系统的主电路

根据系统控制要求，绘出系统的 I/O 分配表（见表 6-6）。

表 6-6　中央空调温度控制系统 I/O 分配表

输　入		功能说明	输　出		功能说明
SB1	X001	启动按钮	KM1	Y000	1 号压缩机
SB2	X002	增温按钮	KM2	Y001	2 号压缩机
SB3	X003	减温按钮	HL1	Y003	超低温报警
SB4	X004	停止按钮			

根据系统控制要求、主电路和 I/O 分配表，绘出系统的硬件连线图如图 6-11 所示。

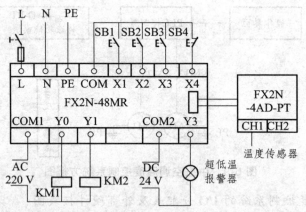

图 6-11　中央空调温度控制系统的硬件连线图

4. 中央空调温度控制系统的梯形图

根据系统控制要求、I/O 分配表和外部接线图，绘出系统的梯形图（见图 6-12）。

206

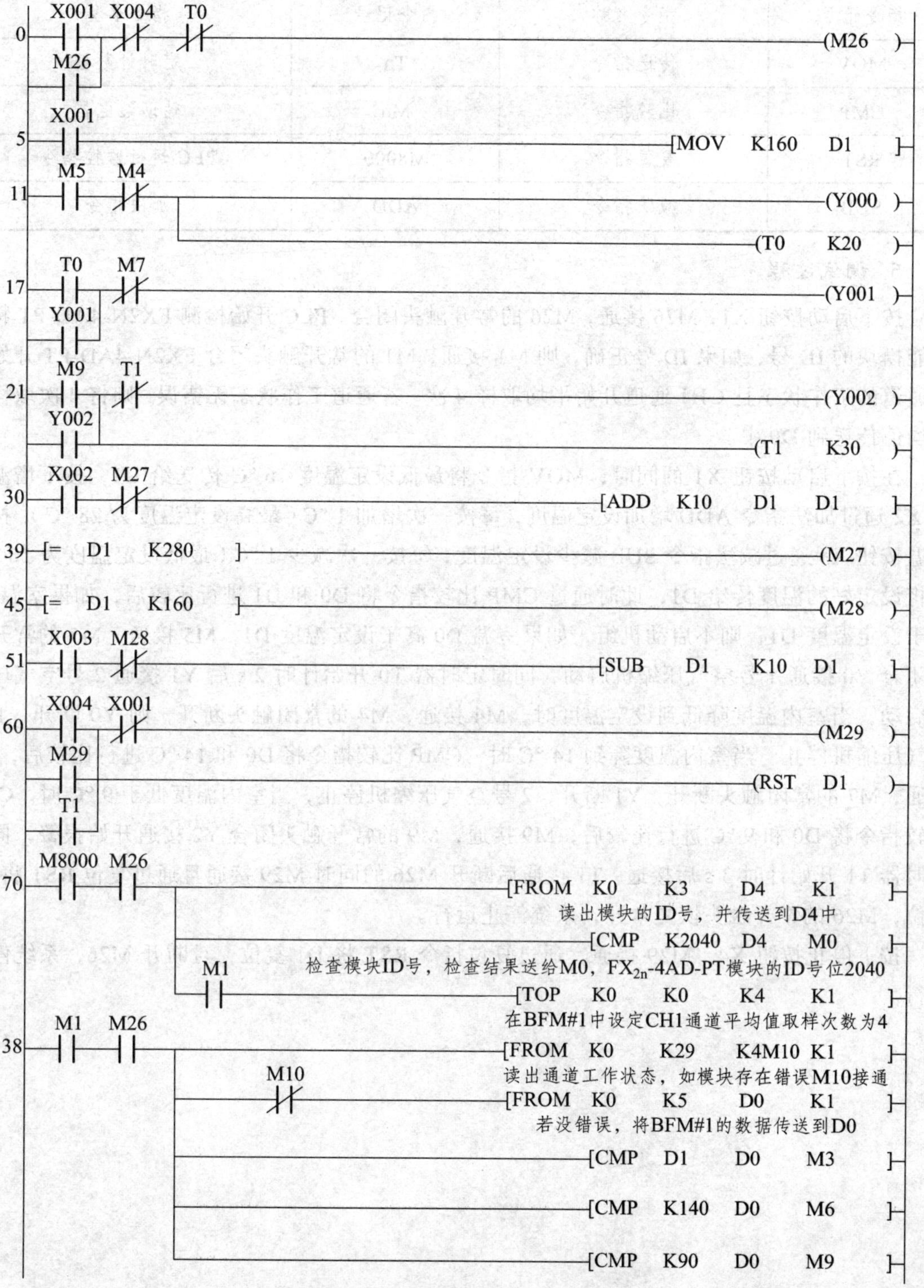

图 6-12　中央空调温度控制系统的梯形图

根据梯形图，列出系统的指令说明表（见表 6-7），具体的指令表就不详细列举。

表 6-7　指令说明表

指令记号	指令名称	指令记号	指令名称
MOV	传送指令	Tn	定时计数器
CMP	比较指令	Mn	辅助继电器
RST	复位指令	M8000	PLC 运行监控指令
SUB	减法指令	ADD	加法指令

5. 调试过程

按下启动按钮 X1，M26 接通，M26 的常开触头闭合，PLC 开始检测 FX2N-4AD-PT 特殊功能模块的 ID 号，如果 ID 号正确，则 M1 接通，M1 的常开触头闭合 FX2N-4AD-PT 开始检测通道的工作状态且 CH1 通道开始平均取样 4 次，若通道工作状态无错误，则将 4 次取样的平均值传送到 D0 中。

在按下启动按钮 X1 的同时，MOV 指令将最低设定温度 16 °C 传送给 D1，按下增温按钮 X2 通过加法指令 ADD 增加设定温度，每按一次增加 1 °C（最高设定温度为 28 °C），按下减温按钮 X3 通过减法指令 SUB 减少设定温度，每按一次减少 1 °C（最低设定温度为 16 °C）并将设定好的温度传给 D1，此时通过 CMP 比较指令将 D0 和 D1 进行比较后，如果室温 D0 低于设定温度 D1，则不启动机组，如果室温 D0 高于设定温度 D1，M5 接通，M5 的常开触头闭合 Y0 接通 1 号空气压缩机启动，同时定时器 T0 开始计时 2 s 后 Y1 接通 2 号空气压缩机启动，当室内温度降低到设定温度时，M4 接通，M4 的常闭触头断开，则 Y0 断开，1 号空气压缩机停止。当室内温度降到 14 °C 时，CMP 比较指令将 D0 和 14 °C 进行比较后，M7 接通，M7 的常闭触头断开，Y1 断开，2 号空气压缩机停止，当室内温度低于 9 °C 时，CMP 比较指令将 D0 和 9 °C 进行比较后，M9 接通，M9 的常开触头闭合 Y2 接通开始报警，同时定时器 T1 开始计时 3 s 后接通，T1 接通后断开 M26 的同时 M29 接通且通过复位 RST 将 D1 复位，M26 的常开触头恢复常开，系统停止运行。

按下停止按钮 X4，M29 接通，通过复位指令 RST 将 D1 复位，且断开 M26，系统停止运行。

参考文献

[1] 郁汉琪. 电气控制与可编程序控制器应用技术[M]. 2 版. 南京：东南大学出版社，2003.

[2] 漆汉宏. PLC 电气控制技术[M]. 3 版. 北京：机械工业出版社，2016.

[3] 袁琦. 现代电气控制与 PLC 应用技术[M]. 2 版. 北京：机械工业出版社，2011.

[4] 董改花. 电气控制与 PLC 技术[M]. 北京：航空工业出版社，2016.

[5] 蔡宏斌. 电气与 PLC 控制技术[M]. 北京：清华大学出版社，2007.

[6] 李世一. 可编程控制器应用项目化教程[M]. 北京：航空工业出版社，2013.

[7] 华满香. 电气控制与 PLC 应用[M]. 3 版. 北京：人民邮电出版社，2015.

[8] 史易巧. PLC 技术及应用项目教程[M]. 北京：机械工业出版社，2009.

[9] 黄永红. 电气控制与 PLC 应用技术[M]. 北京：机械工业出版社，2016.

[10] 李仁. 电气控制技术[M]. 北京：机械工业出版社，2008.

[11] 三菱微型可编程控制器手册[M]. MITSUBISHI SOCIO-TECH，2003.

[12] 吴晓君，杨向明. 电气控制与可编程控制器应用[M]. 北京：中国建材工业出版社，2004.

[13] 李道霖. 电气控制与 PLC 原理及应用[M]. 北京：电子工业出版社，2004.